神州数码网络教学改革合作项目成果教材
神州数码网络认证教材

创建高级交换型互联网
第3版

主　编　杨鹤男　张　鹏
副主编　闫立国　潘　涛
参　编　包　楠　李晓隆　闫昊伸
　　　　吴翰青　石　柳　葛久平
　　　　王义勇

机械工业出版社

本书是神州数码DCNP（神州数码认证网络工程师）认证考试的指定教材。本书主要内容包括交换网络的技术实现、园区网实现VLAN、园区网实现冗余链路、多层交换机的路由实现、多层交换设备实现、园区网高可用性、园区网服务质量和IP组播。

本书可作为各类职业院校计算机应用技术和计算机网络技术专业的教材，也可作为交换机和网络维护的指导书，还可作为计算机网络工程技术岗位培训的参考用书。

本书配有微课视频，读者可扫描书中二维码进行观看。

本书配有电子课件，选择本书作为授课教材的教师可以登录机械工业出版社教育服务网（www.cmpedu.com）免费注册后下载或联系编缉（010-88379194）咨询。

图书在版编目（CIP）数据

创建高级交换型互联网/杨鹤男，张鹏主编．—3版．—北京：机械工业出版社，2021.5（2022.8重印）
神州数码网络教学改革合作项目成果教材
神州数码网络认证教材
ISBN 978-7-111-67987-5

Ⅰ．①创… Ⅱ．①杨…②张… Ⅲ．①互联网络—教材 Ⅳ．①TP393.4

中国版本图书馆CIP数据核字（2021）第063519号

机械工业出版社（北京市百万庄大街22号 邮政编码100037）
策划编辑：梁 伟　　责任编辑：梁 伟　张星瑶
责任校对：黄兴伟　　封面设计：鞠 杨
责任印制：常天培
北京虎彩文化传播有限公司印刷
2022年8月第3版第2次印刷
184mm×260mm・9印张・217千字
标准书号：ISBN 978-7-111-67987-5
定价：32.00元

电话服务　　　　　　　　　　网络服务
客服电话：010-88361066　　　机 工 官 网：www.cmpbook.com
　　　　　010-88379833　　　机 工 官 博：weibo.com/cmp1952
　　　　　010-68326294　　　金 书 网：www.golden-book.com
封底无防伪标均为盗版　　　机工教育服务网：www.cmpedu.com

前　言

本书是神州数码DCNP（神州数码认证高级网络工程师）认证考试的指定教材，首先简明地介绍了交换型网络的基础，然后对交换型网络的多层交换进行了详细阐述，最后讨论了组播的相关技术。

本书所介绍的技术和引用的案例都是神州数码推荐的设计方案和典型的成功案例。

本书共8章，主要内容包括第1章交换网络的技术实现、第2章园区网实现VLAN、第3章园区网实现冗余链路、第4章多层交换机的路由实现、第5章多层交换设备实现、第6章园区网高可用性、第7章园区网服务质量和第8章IP组播。

本书由杨鹤男、张鹏任主编，闫立国、潘涛任副主编，参与编写的还有包楠、李晓隆、闫昊伸、吴翰青、石柳、葛久平、王义勇。

本书所用的图标： 本书图标采用了神州数码图标库的标准图标，除真实设备外，所有图标的逻辑示意如下。

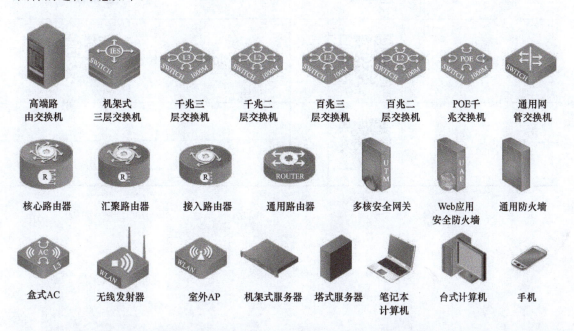

本书全体编者衷心感谢提供各类资料及项目素材的神州数码网络工程师、产品经理及技术部的同仁，同时也感谢与编者合作、来自职业教育战线的教师们，他们提供了大量需求建议并参与了部分内容的校对和整理工作。

由于编者的经验和水平有限，书中不足之处在所难免，欢迎读者批评指正。

编　者

二维码索引

名称	图形	页码	名称	图形	页码
交换网络现状及发展趋势		5	链路聚合		45
分层模型		10	静态、动态路由		52
VLAN技术		20	多层交换现实——二层转发		64
端口MAC绑定		25	多层交换实现——三层转发		69
生成树的增强		43			

目 录

前言
二维码索引

第1章 交换网络的技术实现 ... 1
1.1 传统以太网 ... 1
1.2 交换网络的现状 ... 5
1.3 交换网络的发展趋势 ... 9
1.4 交换网络设计分层模型 ... 10
1.5 交换网络设计分层实例 ... 11
1.6 本章小结 ... 19
1.7 习题 ... 19

第2章 园区网实现VLAN ... 20
2.1 VLAN技术 ... 20
2.2 VLAN技术及其应用 ... 22
2.3 端口MAC绑定 ... 25
2.4 本章小结 ... 26
2.5 习题 ... 26

第3章 园区网实现冗余链路 ... 27
3.1 生成树协议的演化 ... 27
3.2 快速生成树协议 ... 32
3.3 多生成树协议 ... 40
3.4 生成树的保护机制 ... 43
3.5 避免转发环路和黑洞 ... 43
3.6 链路聚合 ... 45
3.7 本章小结 ... 48
3.8 习题 ... 49

第4章 多层交换机的路由实现 ... 50
4.1 多层交换机功能概述 ... 50
4.2 多层交换设备的直连网络 ... 50
4.3 多层交换设备的静态路由 ... 52

4.4 多层交换设备的动态路由 56
4.5 VLAN间路由 60
4.6 本章小结 63
4.7 习题 63

第5章 多层交换设备实现 64
5.1 多层交换设备的分类 64
5.2 二层交换设备的交换原理 64
5.3 多层交换设备的交换原理 69
5.4 本章小结 82
5.5 习题 82

第6章 园区网高可用性 84
6.1 虚拟路由的应用 84
6.2 虚拟冗余路由协议（VRRP） 86
6.3 热备份路由协议（HSRP） 90
6.4 Syslog 92
6.5 简单网络管理协议（SNMP） 93
6.6 本章小结 94
6.7 习题 94

第7章 园区网服务质量 96
7.1 园区网QoS概述 96
7.2 交换机中的QoS实现 103
7.3 QoS配置 107
7.4 本章小结 111
7.5 习题 112

第8章 IP组播 113
8.1 IP组播简介 113
8.2 组播成员协议 117
8.3 组播路由选择协议 123
8.4 组播配置 130
8.5 本章小结 131
8.6 习题 131

习题答案 134

参考文献 135

第1章 交换网络的技术实现

就像认识一个新生事物一样,对网络的认识也需要按照一定的认知方法,循序渐进地进行学习。本章将从交换网络的发展入手,对网络的宏观面貌进行简要介绍,以便读者在掌握网络整体概况的基础上,进行后续知识的学习。

内容提要

本章主要在回顾传统网络技术的基础上对交换式网络进行整体性分析,以及对交换网络的设计过程和设计原则进行讨论。本章的学习目标如下:
- 进一步理解传统以太网和交换式以太网的技术要点。
- 了解交换网络的现状。
- 了解交换网络的发展趋势。
- 理解交换网络设计的原则。
- 理解交换网络分层模型,并学会为给定交换网络进行分层分析。
- 通过实例分析进一步加深对交换网络设计的理解。

1.1 传统以太网

1. 概念回顾

(1) 冲突域

一个冲突域由所有能够看到同一个冲突或者被该冲突涉及的设备组成。使用集线器或中继器作为中心节点连接网络中的多个节点时,集线器和中继器的所有端口在同一个冲突域中。交换机和网桥是隔离冲突的数据链路层设备。集线器为网络设备互连提供中心连接点。中继器处理比特流数据并拓展物理媒介的长度。

(2) 广播域

一个广播域由所有能够看到一个广播数据包的设备组成。一个路由器构成一个广播域的边界。网桥能够延伸到的最大范围就是一个广播域。在默认情况下,一个网桥或交换机的所有端口在同一个广播域中。一般情况下,一个广播域代表一个逻辑网段。

路由器工作在网络层,通常比中继器、网桥和交换机都要复杂。路由器是针对数据包进行操作的,而不是针对数据帧操作。第三层交换机是具有第三层路由功能和第二层交换功能的设备。它是二者的有机结合,并不是把路由器设备的硬件及软件简单地叠加在局域网交换机上。

2. 传统以太网的局限性

早期的局域网一般工作在共享方式下。共享式以太网（即使用集线器或共用一条总线的以太网）采用了载波检测多路侦听（Carries Sense Multiple Access with Collision Detection，CSMA/CD）机制来进行传输控制。

（1）带宽共享

在局域网中，数据都是以"帧"的形式传输的。共享式以太网是基于广播的方式来发送数据的。因为集线器不能识别数据帧，所以它不知道从一个端口收到的数据帧应该转发到哪个端口，只好把数据帧发送到除源端口以外的所有端口，这样网络上所有的主机都可以收到这些数据帧。这就造成了只要网络上有一台主机在发送数据帧，则该网络上所有其他的主机就只能处于接收状态，无法发送数据。也就是说，在任何一时刻，该网络的所有带宽只分配给了正在传送数据的那台主机。例如，虽然1台100Mbit/s的集线器连接了20台主机，表面上看起来这20台主机平均分配5Mbit/s带宽，但是实际上在任何时刻只能有1台主机在发送数据，所以此时带宽都分配给了这台主机，其他主机只能处于等待状态。之所以说每台主机平均分配有5Mbit/s带宽，是指较长一段时间内各主机获得的平均带宽，而不是任何时刻所有主机都有5Mbit/s带宽。

（2）带宽竞争

在共享式以太网中，带宽是如何分配的？共享式以太网是一种基于"竞争"的网络技术，也就是说网络中的主机将会"尽其所能"地"占用"网络带宽发送数据。因为同时只能有一台主机发送数据，所以相互之间就产生了"竞争"。这就好像千军万马过独木桥一样，谁能抢占先机，谁就能过去，否则就只能等待了。

（3）冲突检测/避免机制

在基于竞争的以太网中，只要网络空闲，任何一台主机就可以发送数据。当两台主机发现网络空闲而同时发出数据时，那么就会产生"碰撞"（Collision），也称为"冲突"。这时两个传送操作都遭到破坏，CSMA/CD机制将会让其中的一台主机发出一个"通道拥挤"信号，该信号将使冲突时间延长至该局域网内所有主机均检测到此碰撞。然后，两台发生冲突的主机都将随机等待一段时间后再次尝试发送数据，从而避免再次发生数据碰撞的情况。

共享式以太网的这种"带宽竞争"的机制使得冲突（或碰撞）几乎不可避免，而且网络中的主机越多，碰撞的概率越大。

虽然任何一台主机在任何时刻都可以访问网络，但是在发送数据前，主机都要侦听网络是否堵塞。假如共享式以太网上有一台主机想要传输数据，但是它检测到网上已经有数据了，那么它必须等待一段时间。只有检测到网络空闲时，这台主机才能发送数据。

共享式以太网存在的问题如下：

1）共享式以太网虽然具有搭建方法简单、实施成本低（适合用于小型网络）的优点，但它的缺点也很明显：当网络中的用户较多时，碰撞的概率就会大大增加。根据实际经验，当网络10min的平均利用率超过37%时，整个网络的性能将会急剧下降。因此，依据实际的工程经验，使用100Mbit/s集线器的站点数控制在三四十台以内，否则将可能导致网络速度变慢。而10Mbit/s共享式以太网目前已不能满足网络通信的需求，因此现在很少使用了。

所以，当网络规模较大时，只有使用交换机才能保证为每台主机分配足够的网络带宽。

2）在网络设计中，网络设备的选型具有决定性的意义。如果选型不当，则很可能会导致网络性能达不到要求，或者造成网络设备的浪费。由于共享式以太网采用CSMA/CD机制，使得网络没有QoS（服务质量）保障。"QoS"的意思是网络可以为每台主机分配指定的带宽，或者至少要达到某一带宽的要求。现在网络交换机的价格越来越低，与相同级别的集线器的价格相差不大，而性能上的差异却非常大，因此应尽可能地选购带宽独享的交换机，使用交换型以太网，以提高网络性能。

交换型以太网的特点是使用交换机代替Hub，交换机可以使多个用户同时使用该网络。这样一来，如果使用的是10Mbit/s交换型以太网，则每个用户就可以独自享用10Mbit/s的传输速率而不用去考虑其他用户的使用情况，因此网络的实际带宽将得到大幅度提高，可以实现高速的数据传输。如果选用的是快速交换型以太网或者千兆交换型以太网，那么一个用户就可以独享100Mbit/s甚至是1000Mbit/s的数据传输率，任何应用都不会为带宽而担忧了。当然，以太网交换机的价格比集线器要贵得多。

传统网络的主要问题是可用性和性能。这两个问题受网络带宽总和的影响。在一个碰撞域中，数据帧对该局域网上的所有设备都是可见的，因此也就易于发生碰撞。多端口网桥可以将一个局域网分段成多个隔离的碰撞域，且只将第二层数据帧转发到含有其目的地址的网段。因为网桥端口将局域网分隔成不同的物理网段，所以网桥也可以解决以太网的距离限制问题。然而，网桥必须将广播、组播和未知的单播传送数据帧转发到其所有的端口。

因为网桥工作在OSI的第二层，只看到数据帧中所含的媒质访问控制（MAC）地址，所以含有MAC地址的数据帧仍会扩散到整个网络。而且，单个网络设备可能出现故障，并可能用莫名其妙的超长数据帧淹没整个网络，导致整个网络不可用。因为路由器运行于网络层，所以它们能够对进出子网的流和信息种类进行智能化判定。

能提出广播请求的数据流（如ARP请求）都会扩散到整个网络和子网，并且要求目标设备直接应答这些广播请求。

广播数据流量随着网络的扩大而不断增长。过多的广播会减少最终用户的可用网络带宽。在最坏的情况下，广播风暴甚至可能导致网络瘫痪，因为广播数据流占用了所有可用的网络带宽。在一个仅由网桥构成的网络中，所有连在网上的工作站和服务器都不得不对广播数据帧进行处理。该过程会引起CPU中断并降低其应用性能。

对于大型的交换型局域网站点，目前有以下两种可选的方法来抑制广播。

1）使用路由器来生成子网，逻辑上隔开数据流，因为局域网广播数据帧不能通过路由器。尽管该方法可以过滤广播，但是因为传统的路由器要对每一个数据包进行处理，所以可能在网络中形成一个瓶颈。因为第二层交换每秒可以处理数百万个数据包，而一台传统的路由器每秒只能处理几十万个数据包，这样就有可能在交换机和路由器之间形成瓶颈。

2）在交换型的园区网上实施虚拟局域网（VLAN）技术。传统单个VLAN被认为是一个广播域。一个VLAN由位于多个物理网段或交换机上的一组末端设备组成，它们之间通信要通过第三层路由器。同一VLAN的不同设备可以位于不同的物理位置，这样就突破了物理位置上的限制。

传统的以太网在实现网络数据的连通和共享的同时采用的仍然是一种尽力而为的网络传输机制。它强调的是用户接入网络的方便性，实现的是网络资源和信息的共享，不提供网络带宽控制能力和支持实时业务的服务质量（QoS）保证，也不能提供故障定位、多用户共享节点和网络的统计计费。随着以太网应用大规模地进入现代企业网络，以及以太网在教育、办公等领域的不断扩展,传统的以太网已经不能适应当前网络特性凸现的要求。当前用户所关注的是网络的可管理性、用户的可监控性及业务的可经营性,教育、办公等领域也关注网络的管理乃至运营的特性。传统的以太网逐渐向符合现代多技术要求的新型以太网方向发展。

3. 以太网的四大应用

(1) 企业中的吉位以太网

复杂的应用程序及更强大的PC持续推动网络流量达到新高,并造成网络带宽的不足。为了提高性能,服务器已配备吉位以太网。在桌面领域,不断下降的价格也在加快吉位以太网的使用,在工作环境趋向于互相协调,通常需要共享大量的文件以及有集中应用和多任务的地方更是如此。目前的趋势是:10Mbit/s/100Mbit/s/1000Mbit/s以太网正不断取代10Mbit/s/100Mbit/s以太网(当10Mbit/s/100Mbit/s自适应以太网连接成本接近传统以太网时,更加剧了这种趋势)。

(2) 无线网络

无线以太网连接是以太网的逻辑扩展,有助于实现大范围的"虚拟"企业。以前,无线局域网只受到IT产业本身的关注。现在,无线网络的效益得到了用户的广泛认可,在更大范围内被公认为移动用户的理想解决方案,成为广大企业用户的"即时基础设施"。

促使无线网络从垂直市场向主流应用市场发展的原因如下。

1) 标准和性能的改善:IEEE 802.11标准自1997年发布以来已成为无线局域网的主要标准。IEEE 802.11b标准目前已被绝大多数的无线设备厂商采用,其数据的传送速度高达11Mbit/s。它的出现为早期部署无线局域网的企业及家庭网络使用提供了一种选择。无线技术还在继续发展,IEEE 802.11a标准随之出现,它将为新一代无线局域网提供更快的数据速率、更远的覆盖距离以及更高的安全性。

2) 移动设备扩展:多种新型无线设备能够接入企业网和广域网,扩大了无线以太网解决方案的应用范围。其中包括配置无线网卡的笔记本计算机和台式机、带有内置无线设备的PDA、互联网接入应用和VoIP电话等。

(3) 网络存储

快速增长的电子邮件和电子商务导致IP网络数据传输量剧增,数据流量的增加促使数据存储脱离传统的直接连接存储(Direct Attached Storage,DAS)模式,演变为网络的一种基础设施,由此业界目睹了存储域网络(Storage Area Network,SAN)和网络连接存储(Network Attached Storage,NAS)两种替代方案的兴起和流行。

基于以太网、并称为iSCSI(互联网SCSI(小型计算机系统接口)或SCSI over IP)的一种新兴技术将为网站、服务提供商、企业和其他组织提供高速、低成本、远程存储解决方案。iSCSI标准使得构建基于IP的SAN成为可能。传统的SCSI命令和数据传输在TCP/IP层之上的一层执行,而iSCSI数据块流量可以通过以太网协议传输。千兆位iSCSI由于结合了SCSI、以太网和TCP/IP等所有广泛部署的技术,因此可最大限度地减少互操作性问题。

(4) 城域网中的以太网

吉位以太网向桌面的移植助长了服务器和企业干线对10吉位以太网的需求。10吉位以太网的出现能够满足高速网络的多种关键需求,包括比当前替代技术更低的拥有成本、灵活性,以及与现有以太网网络的互操作性。综合这些因素,使得10吉位以太网成为城域网(MAN)的最佳选择。在城域网中实施以太网,将把以太网的速度和成本优势与光网络的传输距离和可靠性完美结合起来。

现在正是将以太网标准应用于城域网的大好时机，凭借成本优势、互操作性和向更高性能水平轻松移植的能力，10吉位以太网将自然而然地融入城域网。

1.2　交换网络的现状

1．局域网的数据流量

（1）80/20规则

在理想情况下，将有共同兴趣或网络应用方式相似的最终用户放在同一个逻辑子网中，并且将他们经常访问的服务器也放在这同一个子网中。出于对逻辑子网的定义，这些工作组中的大多数流量被限制在这个本地网段，这样可以减少对其他主机的影响和减轻网络主干的负载。在这样的划分方式下，传统园区网中的数据流遵循80/20规则。80/20规则是指用户流量的80%发生在本地网段，只有20%的流量通过路由器进入到网络主干或是其他网段。采用80/20规则的网络，用户的网络资源都在同一个网段内，这些网络资源包括网络服务器、打印机、公共文件。如果超过20%的流量流入子网，则会发生网络主干阻塞。

在这种情况下，网络管理员不需要添加交换机或者对集线器进行升级，可以通过下面几种方法来改善网络性能。

1）将资源（如应用、软件程序和文件）从一台服务器转移到另一台，将流量限制在工作组本地。

2）如果不是物理地转移用户，就逻辑地转移用户，以使工作组能更准确地反映实际的流量模式。

3）添加服务器以使用户可以在本地进行访问而不必通过网络主干。

（2）20/80规则

随着企业内网（Intranet）和企业外网（Internet）应用的兴起，传统的80/20规则流量模式发生了变化。网络中的大部分（80%）要流出本地网络，而企业内部网络的流量已经不是很大（20%）。以下两个主要因素导致了流量模式的改变。

1）通过网络的实时计算，如联网银行业务结算、电子交易等，本地和远程的交互应用就会生成很多必须穿过子网边界的流量，所需的服务无处不在、无时不有。

2）企业服务器集群的整合。集中式的服务器集群的应用，降低了成本，提高了安全性和可管理性，这样所有从客户子网到这些服务器的数据流都必须通过园区网主干。

流量模式的这种转化意味着大部分流量（80%）要通过路由器，而路由器是CPU密集型进程，处理数据包的速率相对很低，在此就产生了网络瓶颈。解决这一问题的方法是尽量使第二层设备和第三层设备相匹配。新的20/80规则使得网络管理员管理VLAN变得困难。因为原有园区网的创建是基于大多数流量发生在本地工作组内的，末端站点需要在同一个广播域内才能充分利用交换架构。

随着当前和将来的流量模式不断远离传统的80/20规则，更多的数据流必须要在不同的子网和VALN间进行传输，同时还要对特定的应用和设备加以控制。要实现这些功能，就需要使用路由技术。综合这些因素，就需要对传统的网络按新的园区网要求重新进行设计。

2. 交换网络VLAN技术的发展

虚拟局域网（Virtual Local Area Network，VLAN）是一种通过将局域网内的设备逻辑地而不是物理地划分成一个个网段从而实现虚拟工作组的新兴技术。IEEE于1999年颁布了标准化VLAN实现方案的802.1q协议标准草案。虽然VLAN并非最好的网络技术，但这种用于网络节点逻辑分段的方法正在被许多企业所使用。VLAN采用多种方式配置于企业网络中，包括网络安全认证、使无线用户在802.11b接入点漫游、隔离IP语音流在不同协议的网络中传输数据等。虚拟局域网（VLAN）的出现打破了传统网络的许多固有观念，使网络结构变得更加灵活、方便。

在一个校园网络中，通常会存在很多的教学楼、宿舍楼和家属楼，分布在各个楼内的单元按功能分，可划分为教学楼中的教室、教研室、会议室、办公室、计算机中心机房等；宿舍楼的寝室、会议室、收发室、计算机室等；家属楼中的房间、计算机室等。在网络构建的过程中，通常希望将功能大体一致的单元在逻辑上组成一个网络，这样就涉及跨越物理界限来组成一个网络的概念，此时VLAN就派上用场了。

图1-1所示为一个典型的园区网络拓扑图。

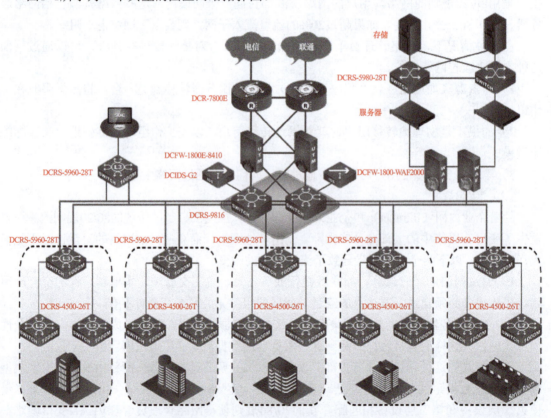

图1-1　典型园区网络拓扑示例

图1-1表示了一个园区网搭建网络应该覆盖的范围。基于现代网络设计的角度，并考虑网络的整体数据安全保证，有必要在各个分支大楼接入设备中详细划分VLAN，以便对不同的功能区域进行区分，而在连接不同分支大楼的交换机的端口中应布置允许802.1Q数据帧通过并能识别的封装端口。在图1-1中，所有粗线表示的线缆两端对应的端口必须设置允许

802.1Q封装数据通过。

下面讨论有关IP地址与VLAN划分的关系。如前所述，依旧根据功能区域来规划IP地址，即不论终端所在位置如何，只要该终端被划归到某一个VLAN中，IP地址就必然落在同一个网络中。例如：

行政VLAN对应IP：192.168.1.0，掩码24位即255.255.255.0。

教室VLAN对应IP：192.168.2.0，掩码24位即255.255.255.0。

教研室VLAN对应IP：192.168.3.0，掩码24位即255.255.255.0。

不论是位于西区教学楼中的会议室（属行政VLAN），还是在东区教学楼1中的会议室，其IP地址都是192.168.1.0网段内的某个节点。

下面讨论如何使VLAN之间实现必要的通信，即不同的VLAN之间的互访问题。

3．交换与路由技术的结合

（1）二层交换技术

二层交换技术发展已比较成熟，二层交换机是属于数据链路层的设备，可以识别数据包中的MAC地址信息，根据MAC地址进行转发，并将这些MAC地址与对应的端口记录在自己内部的一个地址表中。具体的工作流程如下。

1）当交换机从某个端口收到一个数据包时，它先读取包头中的源MAC地址，这样它就知道源MAC地址的机器是连在哪个端口上。

2）读取包头中的目的MAC地址，并在地址表中查找相对应的端口。

3）如果表中有与这个目的MAC地址对应的端口，那么就把数据包直接复制到这端口上。

4）如果表中找不到相应的端口，则把数据包广播到所有端口上。当目的机器对源机器回应时，交换机又可以学习这个目的MAC地址与哪个端口对应，在下次传送数据时就不再需要对所有端口进行广播了。

不断地循环这个过程，交换机就可以学习到全网的MAC地址信息，二层交换机就是这样建立和维护它自己的地址表的。

从二层交换机的工作原理可以推论得出以下3点。

1）由于交换机对多数端口的数据进行同时交换，因此要求具有很宽的交换总线带宽。如果二层交换机有N个端口，每个端口的带宽是M，交换机总线带宽超过N×M，那么交换机就可以实现线速交换。

2）交换机学习端口连接的机器的MAC地址，写入地址表。地址表的大小（一般有两种表示方式：一种为BUFFER RAM，另一种为MAC表项数值）影响交换机的接入容量。

3）二层交换机一般都含有专门用于处理数据包转发的ASIC（Application Specific Integrated Circuit）芯片，因此转发速度可以非常快。由于各个厂家采用的ASIC不同，因此会直接影响产品的性能。

（2）路由技术

路由器工作在OSI模型的第三层——网络层，工作层次的不同决定了路由和交换在传递包时使用了不同的控制信息，因而实现功能的方式也会不同。路由器上网的工作原理是在其内部也有一个表，这个表所表示的是数据包如果要去某一个地方，则下一步应该向哪里走。如果能从路由表中找到数据包下一步往哪里走，那么加上链路层的信息就能够将数据包转发出去；如果不能知道数据包下一步走向哪里，则会将该包丢弃，然后返回一个信息交给源地址。

从实质上来说，路由技术有两种功能：决定最优路由和转发数据包。路由表中写入各种信息，由路由算法计算出到达目的地址的最佳路径，然后由相对简单、直接的转发机制发送数据包。接收数据的下一台路由器依照相同的工作方式继续转发，依次类推，直到数据包到达目的路由器。

路由表的维护也有两种不同的方式。一种是路由信息的更新，将部分或者全部的路由信息公布出去，路由器通过互相学习路由信息，掌握全网的拓扑结构，这一类的路由协议称为距离矢量路由协议；另一种是路由器将自己的链路状态信息进行广播，通过互相学习掌握全网的路由信息，进而计算出最佳的转发路径，这类路由协议称为链路状态路由协议。

由于路由器需要做大量的路径计算工作，处理器的工作能力直接决定其性能的优劣。当然这一判断还是对中低端路由器而言，因为高端路由器往往采用分布式处理系统体系设计。

（3）三层交换技术

三层交换技术其实就是路由器和二层交换机的堆叠。下面先通过一个简单的例子来看看三层交换机是如何工作的。

例如，A要给B发送数据，已知目的IP，那么A就用子网掩码取得网络地址，判断目的IP是否与自己在同一网段。如果在同一网段，但不知道转发数据所需的MAC地址，A就发送一个ARP请求，让B返回其MAC地址，A用B返回的MAC地址来封装数据包并发送给交换机，交换机启用二层交换模块，查找MAC地址表，将数据包转发到相应的端口。

如果目的IP地址显示不是同一网段，那么A如何实现和B的通信？首先在流缓存条目中没有对应的MAC地址条目，此时就将第一个正常数据包发送给一个默认网关，这个默认网关一般在操作系统中已经设好，对应第三层路由模块，然后就由三层模块接收到该数据包，查询路由表以确定到达B的路由，将构造一个新的帧头，其中以默认网关的MAC地址为源MAC地址，以主机B的MAC地址为目的MAC地址。通过一定的识别触发机制，确立主机A与B的MAC地址及转发端口的对应关系，并记录进流缓存条目表中，以后A到B的数据就直接交由二层交换模块完成。这就是通常所说的"一次路由多次转发"。

三层交换的特点如下。

1）由硬件结合实现数据的高速转发。这说明三层交换不是简单的二层交换机和路由器的叠加，三层路由模块直接叠加在二层交换的高速背板总线上，突破了传统路由器的接口速率限制，速率可达几十吉位每秒。

2）简洁的路由软件使路由过程简化。大部分的数据转发，除了必要的路由选择交由路由软件处理之外，都是由二层模块高速转发的。路由软件大多都是经过处理的高效优化软件，并不是简单照搬路由器中的软件。

二层交换机用于小型的局域网络。在小型局域网中，广播包影响不大，二层交换机的快速交换功能、多个接入端口和低廉价格为小型网络用户提供了很完善的解决方案。

路由器的优点在于接口类型丰富，支持的三层功能强大，路由能力强大，适合用于大型的网络间路由。它的优势在于选择最佳路由、负荷分担、链路备份及和其他网络进行路由信息的交换等。

三层交换机最重要的功能是加快大型局域网络内部数据的快速转发，加入路由功能也是为这个功能服务的。如果把大型网络按照部门、地域等因素划分成一个个小局域网，则将导致大量的网际互访，单纯地使用二层交换机并不能实现网际互访。如单纯地使用路由器，由于接口数量有限和路由转发速度慢，将限制网络的速度和网络规模，因此具有路由功能的快速转发的三层交换机就成为首选。

一般来说，在内网数据流量大、要求快速转发响应的网络中，如果全部由三层交换机来做这个工作，则会造成三层交换机负担过重，响应速度受影响，因此将网间的路由交由路由器去完成，充分发挥不同设备的优点，不失为一种好的组网策略。

1.3　交换网络的发展趋势

以太网技术原来只是一种局域网技术，而近几年其发展迅速，并开始突破局域网的限制，走向了城域网，呈现出向广域网络扩张的态势。城域网建设需求的高涨，为以太网技术的发展带来了便利。尽管受近期网络经济不景气的影响，全球以太网交换市场有所下滑，但我国市场仍呈现较好的发展趋势。专家认为，基于IP的以太网将是未来宽带网络的主要架构，而且传统的电信业务也将向这一网络迁移。

以太网技术诞生于1973年，最初的数据传输速率为2.94Mbit/s。随着时间的推移，以太网的传输速度从10Mbit/s逐步扩展到100Mbit/s、1Gbit/s、10Gbit/s，以太网的价格迅速下降。如今，以太网已经成为局域网（LAN）中的主导网络技术，而且随着吉比特以太网的出现，以太网正在向城域网（MAN）大步迈进。

当前，以太网技术面临着以下几大发展机遇。

1）企业信息基础设施的建设，给以太网应用带来了巨大的空间。由于以太网技术最初就是为局域联网而设计的，因此其在支持企业局域网络连接上具有天然的优势，其构造的简易性、扩展的灵活性以及速度的不断提升，使之成为构建企业网络的首选技术之一。我国信息化建设的大力推进给以太网的发展带来了巨大的市场机遇。

2）城域网络建设成为以太网技术的新天地。当前，城域网络建设的架构基本可以分为ATM+IP和以太网模式。而以太网技术由于更适合与已有的企业网络连接，同时具备网络建设灵活快速等优势，因此在城域网建设中发挥了重要的作用。基于以太网的城域网络更适合数据的传输、适合宽带化的增长需求。同时，以太网络结构适合对大客户以及业务密集区域的覆盖（如企业网络、校园网络等），因此具有更高的收益预期。

3）宽带的融合业务趋势为以太网走向广域提供了空间。数据业务和传统电信业务的融合已是大势所趋，新的运营者期待一种能够提供融合业务，同时又具有较好经济性的网络。基于IP的宽带以太网交换技术，将使这一目标逐步成为现实。面向光传输的10Gbit/s以太网技术成为研究的热点，其标准的推出使以太网技术走向广域，并最终实现从局域到广域的统一宽带网络体系，实现对综合业务的支持。

当前，以太网交换技术领域呈现以下发展趋势。

1. 端到端QoS成为发展的方向

在以往的网络中，高QoS意味着高价格。但是，ASIC技术的高速发展使低端设备具备强大的QoS能力成为可能，网络的QoS开始从集中保证逐渐向端到端保证过渡。现在，网络边缘设备已经可以根据端口、MAC地址、VLAN信息、IP地址甚至更高层的信息来识别应用类型，为数据包打上优先级标记（如修改IEEE 802.1p或IPDiffServ域），核心设备不用对应用进行识别,只需根据IPDiffServ和IEEE 802.1p进行交换,并提供服务即可。

2. 组播技术发展成熟

目前,各运营商都在宽带网络建设中投入了大量的资金和精力,但如何充分利用好这些网络,如何将前期投入变成产出,仍缺乏有效的手段。组播技术作为一种与单播技术并列的传输方式,其意义不仅在于减少了网络资源的占用,提高扩展性,更重要的是可以通过网络的组播特性,方便地提供新业务。随着网络多媒体业务的日渐增多,组播技术的优越性和重要性将越来越明显。

(1) 智能识别技术实现多业务支持

随着芯片技术的发展,人们对网络设备的应用需求逐步提高,用户不再满足于使用交换机来完成基本的二层桥接和三层转发任务,而是更多地关注网络中的业务需求,希望崭新的交换机技术具有智能转发的特点,可以根据不同的报文类型、业务优先级、安全性需求对不同用户群和不同应用级别/层次进行识别、进行区别转发,满足不同用户的大范围需求,因此智能识别技术将逐步地在以太网交换机中得到应用。

(2) 设备管理简单化

对于运营网络和大型企业,由于接入层的设备数量众多,维护工作量巨大,迫切要求设备提供统一的管理和维护手段,因此引进集群管理协议是非常有必要的。集群管理可以通过一个管理IP来维护众多的网络设备,并提供设备拓扑发现功能、设备故障和链路故障警告、设备统一配置等多种灵活的网络维护手段,集群管理正逐渐发展成为网络接入层设备管理的主要手段。

(3) 用户管理功能更加完善

采用VLAN+Web认证技术,在用户使用网络时,首先通过Web服务器验证用户的合法身份,这样用户才能得到SLA服务。由于这种方式不需要客户端软件,因此可以开发出更多的增值业务。该技术已成为最有前途的认证技术之一。802.1x认证方式采用特殊的802.1x报文,可达到端口+VLAN+MAC的控制粒度,控制以太网用户对网络的访问。多种认证技术的出现,使以太网获得更好的用户管理特性,从而为以太网的可运营、可管理奠定了基础。

(4) VPN等业务从骨干向汇聚转移

随着以太网交换机芯片技术的发展和汇聚层设备性能的提高,原先主要由骨干设备提供的MPLS VPN业务逐渐转变为由汇聚层以太网交换机来提供。最初采用骨干设备提供该项业务的主要原因是因为汇聚层设备的性能不足,而现在汇聚层以太网交换机的性能已经超过了原来的骨干设备;从业务提供方面来看,汇聚层设备较骨干设备多,更接近用户,提供业务更方便;从网络的可靠性来看,骨干设备由于其特殊位置,应向着功能专一化和简单化的方向发展。

1.4 交换网络设计分层模型

1. 接入层

接入层是本地终端用户允许进入网络的区域。本层可以使用访问控制列表或过滤以进

扫码看视频

一步优化用户特别设置的需要。在园区网环境中，接入层包括以下功能：共享带宽、交换带宽、MAC地址过滤和微分网段。

接入层是用于将用户接入局域网，将局域网连接到广域网的链路，这种方法允许设计者将本层设备的CPU分配给多种业务。接入层允许逻辑的网络分段和基于功能的用户分组。传统上，分段是基于不同的应用和部门来划分的。然而，从网络管理和控制来看，在园区网环境中，接入层可以使得远程终端通过广域网技术（如帧中继、ISDN或专线）访问企业网络。

2．汇聚层

汇聚层也被称为分配层、汇接层。该层用来划分接入层和核心层之间的点，帮助定义和区分核心。本层的目的是提供边界定义，而且在本层对报文进行处理。在广域网环境中，汇聚层包括以下几种功能：地址或区域集合、部门或工作组间访问、广播/组播域定义、VLAN间路由、需出现的任何介质转换和安全。

汇聚层包括园区骨干网和连接的所有路由器。由于策略大都在该层实施，因此也称该层提供了基于策略的连通性。基于策略的连通性是指在园区骨干网上的第3层路由器只接受网络管理员指定的流量，好的网络设计从不把末端站点（如服务器）放到骨干网上。这样解放了骨干网，使得它严格地成为不同建筑物的工作组或者工作组到园区网的流量传输通路。

在非园区网环境中，汇聚层可以是进一步区分路由域之间或静态和动态路由协议之间的地点，也可以是远程终端接入单位网络的地方。总之，汇聚层可以被认为是提供基于策略的连通性的一层。

3．核心层

核心层有时也被称为园区网主干。该层的主要目的是提供远程节点间的一条快速通道，能尽快地交换数据。本层网络不需要完成数据包处理，如果使用访问控制列表和实行过滤，则会降低包交换的速率。核心层需要冗余的路径使得网络能经受住单条线路出现故障并且能继续使用。路由协议的大量共享和快速集中是其重要的设计特点，充分利用核心的带宽一直是用户最关心的问题。

1.5 交换网络设计分层实例

1．某市儿童医学中心网络系统改造

（1）需求分析

某市儿童医学中心网络系统是随着医院业务的发展而逐步建设的。随着目前应用的增长，现有的网络结构及性能已经无法满足需求，尤其是将来大流量视频系统的应用更加加剧了这种矛盾，在这种情况下，用户需要对原有的网络设备进行升级改造。

本次升级改造要遵循以下几个原则：

1）必须满足系统的高可靠性，采用成熟的网络技术，保证7×24h不间断运行。

2）在满足上述条件下，将核心二层网络设备替换为性能更高的核心路由交换设备。

3）链路带宽由现在的100Mbit/s升级为1000Mbit/s。

4）需要保留现有的接入层交换机继续使用，以便最大化利用已有的设备。

某市儿童医学中心改造前拓扑图，如图1-2所示。原有网络状况如下。

1）核心采用Dlink-5200系列交换机，这种交换机早已停产多年，并且核心到各个区域的交换机采用百兆光纤连接，带宽无法满足现在及以后的众多大数据的传输应用。

2）各个区域交换机主要使用3Com设备，对于那些信息点数量较多的区域通常配置了3Com的4400SE堆叠，或者4400SE级连3300的方式；而对于那些信息点数量较少的区域一般配置一台3Com 1100的10Mbit/s交换机。

3）除了对原有网络设备进行带宽升级以外，现在又添加了一个新区，需要添加至少3台24口交换机。

4）原有网络环境直接连接Internet，无法阻止外部Internet用户对内部局域网的入侵。

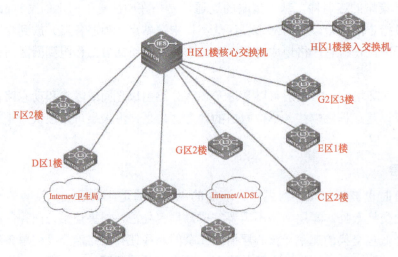

图1-2 某市儿童医学中心改造前拓扑图

（2）总体设计及拓扑结构

某市儿童医学中心改造后的拓扑图，如图1-3所示。

首先，针对原有网络状况的第一条进行升级，建议选择一台高性能的路由交换机DCRS-7504替换原有Dlink-5220，配置12个千兆光纤口，满足接入交换机及服务器的需要。另外，还配置了24个百兆口用来连接网管机器及部分百兆服务器。设备清单见表1-1。

针对原有网络状况的第二条进行升级，建议采用下面的方案。

所有8个分区以及新的分区均统一配置一台DCS-3726S作为千兆上连设备，建议原有的3Com老设备，如4400、3300、1100等通过级连的方式连接到DCS-3726S上，以便充分利用原有的老设备。

在表1-2中，DCS-3726S为可堆叠交换机，MS-3726-1GB为千兆上连模块，GBIC-SX为插在千兆上连模块的支持传输550Mbit/s的GBIC。

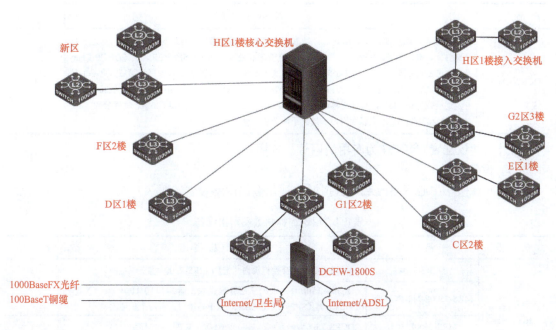

图1-3 某市儿童医学中心改造后的拓扑图

表1-1 设备清单1

产口型号	产品描述	数量
DCRS-7504	4插槽核心路由交换机机箱(带1个MRS-7500-AC交流电源)	1
MRS-7500E-M4GX24TX	DCRS-7500增强系列三层管理模块,含24口10/100Base-TX和4口1000Base-X(SFP)或1000Base-TX千兆接口,占两个扩展槽位	1
MRS-7500E-8GB	DCRS-7500增强系列8口1000Base-X(SFP)千兆模块	1
SFP-SX	1000Base-SX SFP接口卡模块,LC接口	12
LinkManager-30-250N	插件式网络管理系统软件,250节点,Windows NT/Windows 2000平台	1

注:最后一行为网管系统。

表1-2 设备清单2

产口型号	产品描述	数量
DCS-3726S	24口10/100Base-TX可堆叠交换机,带两个扩展插槽,可堆叠8台	1
MS-3726-1GB	1口GBIC千兆模块	1
GBIC-SX	1000Base-SX GBIC接口卡模块	1

针对原有网络状况的第四条进行升级,可以选用一台DCFW-1800S,见表1-3。

表1-3 设备清单3

产品型号	产品描述	数量
DCFW-1800S	企业级百兆防火墙，不限用户数。功能：状态检测包过滤、双向透明代理、双向地址转换（NAT）、端口映射、VPN、身份认证、带宽管理和控制、DHCP SERVER、支持DHCP Relay及PPPoE等宽带接入方式、抗DoS攻击、内置式入侵检测、与IDS和日志管理等第三方产品的联动、IP和MAC地址绑定、全面支持H.323/VLAN Trunk/IPX等协议。性能：网络吞吐量200MB，并发连接数为80 000条，每秒新建连接数为8 000条，最大安全规则数为4 000条。物理参数：3个10Mbit/s/100Mbit/s自适应以太网口，最大平均无故障时间80 000h	1

另外，建议配置3台PC作为专用的网管机使用。

(3) 设备选型

某市儿童医学中心网络改造项目拟增加神州数码网络设备，见表1-4。

表1-4 拟增加神州数码网络设备

节点	产品型号	产品描述	数量
H区核心	DCRS-7504	4插槽核心路由交换机机箱（带1个MRS-7500-AC交流电源）	1
	MRS-7500E-M4GX24TX	DCRS-7500增强系列三层管理模块，含24口10/100Base-TX和4口1000Base-X（SFP）或1000Base-TX千兆接口，占两个扩展槽位	1
	MRS-7500E-8GB	DCRS-7500增强系列8口1000Base-X（SFP）千兆模块	1
	SFP-SX	1000Base-SX SFP接口卡模块，LC接口	12
	LinkManager-30-250N	插件式网络管理系统软件，250节点，Windows NT/Windows 2000平台	1
C区2楼	DCS-3726S	24口10/100Base-TX可堆叠交换机，带两个扩展插槽，可堆叠8台	1
	MS-3726-1GB	1口GBIC千兆模块	1
	GBIC-SX	1000Base-SX GBIC接口卡模块	1
H区1楼	DCS-3726S	24口10/100Base-TX可堆叠交换机，带两个扩展插槽，可堆叠8台	1
	MS-3726-1GB	1口GBIC千兆模块	1
	GBIC-SX	1000Base-SX GBIC接口卡模块	1
信息中心	DCS-3726S	24口10/100Base-TX可堆叠交换机，带两个扩展插槽，可堆叠8台	1
	MS-3726-1GB	1口GBIC千兆模块	1
	GBIC-SX	1000Base-SX GBIC接口卡模块	1
D区	DCS-3726S	24口10/100Base-TX可堆叠交换机，带两个扩展插槽，可堆叠8台	1
	MS-3726-1GB	1口GBIC千兆模块	1
	GBIC-SX	1000Base-SX GBIC接口卡模块	1
E区	DCS-3726S	24口10/100Base-TX可堆叠交换机，带两个扩展插槽，可堆叠8台	1
	MS-3726-1GB	1口GBIC千兆模块	1
	GBIC-SX	1000Base-SX GBIC接口卡模块	1
F区	DCS-3726S	24口10/100Base-TX可堆叠交换机，带两个扩展插槽，可堆叠8台	1
	MS-3726-1GB	1口GBIC千兆模块	1
	GBIC-SX	1000Base-SX GBIC接口卡模块	1

(续)

节 点	产品型号	产品描述	数量
G1区	DCS-3726S	24口10/100Base-TX可堆叠交换机，带两个扩展插槽，可堆叠8台	1
	MS-3726-1GB	1口GBIC千兆模块	1
	GBIC-SX	1000Base-SX GBIC接口卡模块	1
G2区	DCS-3726S	24口10/100Base-TX可堆叠交换机，带两个扩展插槽，可堆叠8台	1
	MS-3726-1GB	1口GBIC千兆模块	1
	GBIC-SX	1000Base-SX GBIC接口卡模块	1
新区	DCS-3726S	24口10/100Base-TX可堆叠交换机，带两个扩展插槽，可堆叠8台	1
	MS-3726-1GB	1口GBIC千兆模块	1
	GBIC-SX	1000Base-SX GBIC接口卡模块	1

某市儿童医学中心网络改造项目可选设备，见表1-5。

表1-5　某市儿童医学中心网络改造项目可选设备

节 点	产品型号	产品描述	数量
B区1楼	DCFW-1800S	企业级百兆防火墙，不限用户数。功能：状态检测包过滤、双向透明代理、双向地址转换（NAT）、端口映射、VPN、身份认证、带宽管理和控制、DHCP SERVER、支持DHCP Relay及PPPoE等宽带接入方式、抗DoS攻击、内置式入侵检测、与IDS和日志管理等第三方产品的联动、IP和MAC地址绑定、全面支持H.323/VLAN Trunk/IPX等协议。性能：网络吞吐量200MB，并发连接数为80 000条，每秒新建连接数为8 000条，最大安全规则数为4 000条。物理参数：3个10Mbit/s/100Mbit/s自适应以太网口，最大平均无故障时间80 000h	1

2．某省交通系统市-县级交通局网络互联工程

（1）需求分析

某省交通系统广域网互联平台是连接全省交通部门的一个综合的网络平台，整个网络平台建设的目标定位于采用先进的网络技术、计算机技术，实现全省范围从省厅、地市、区/县交通行业单位的信息共享和交换。

整个网络平台本着"统一规划、分步实施"的原则，已经建成的一期工程实现了省到地市级网络骨干平台的搭建以及11个地市级交通局、省直属单位和省厅的互联。本次二期项目主要是要实现全省81个区/县交通局接入一期骨干网。

随着省交通厅全省互联的广域网网络平台建设的进行，目前该省交通广域网已通过租用电信的2M E1线路把11个地市级交通局、省直属单位和省厅连接起来。省交通厅已建成的广域网拓扑图，如图1-4所示。

在已建成的省交通厅全省互联的广域网中，在省级设立一个省交通网络中心，省交通网络中心位于省交通厅信息中心。广域网以省交通中心路由器为中心，连接厅机关、省公路管理局、厅港航局、厅运管局、厅质监站、交通学院、在省会城市市区的其他省直属单位以及11个市交通网络中心。省交通中心通过100Mbit/s双绞线以太网连接厅机关、交通学

院等,通过100Mbit/s多模光纤以太网连接省公路管理局、厅港航局、厅质监站等,通过E1专线连接位于省会城市市区的其他省直属单位(如厅运管局、交通设计院、交通学院、交通干校、咨询公司、交通集团等)及11个市交通网络中心。

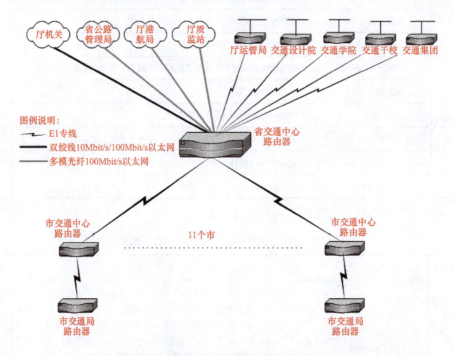

图1-4 某省交通厅已建成的广域网拓扑图

在每个市设立一个市交通网络中心。市交通网络中心通过上行链路连接省交通网络中心,通过下行链路连接市公路管理处、市稽征处、市运管处、市港航处、市交通局、各区县交通局、市质监站等。目前,市交通中心和各市交通局的连接已实施完成。

对于该省交通厅全省互联的广域网网络平台,每个市交通网络中心还需连接各区县交通局。

11个市的交通广域网是该省交通广域网的重要组成部分。市交通网络中心连接本市各交通单位和各区县交通局。市交通单位包括市交通局、市公路管理处、市稽征处/运管处、市港航处以及市质监站等。省交通厅区/县交通局广域网拓扑图,如图1-5所示。

省交通厅共管辖着11个地市的81个区/县交通局,各区/县交通局将通过租用电信的光纤宽带接入链路(通过以太网的VLAN二层技术实现,连接速率为10Mbit/s/100Mbit/s)直接连接到市交通中心路由器的以太网模块上。区/县交通局还需要通过光纤宽带连接下属的若干交通单位。

在各区/县交通局配置相应接入设备接入交通信息广域网,用于连接市交通中心路由器。

(2)网络规划设计

根据某省交通厅信息中心提供的"项目需求及技术要求书"中对本期项目的要求,制作的省交通系统市-县级交通局网络互联工程拓扑图,如图1-6所示。

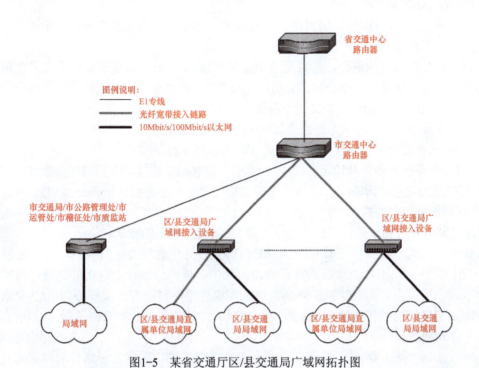

图1-5 某省交通厅区/县交通局广域网拓扑图

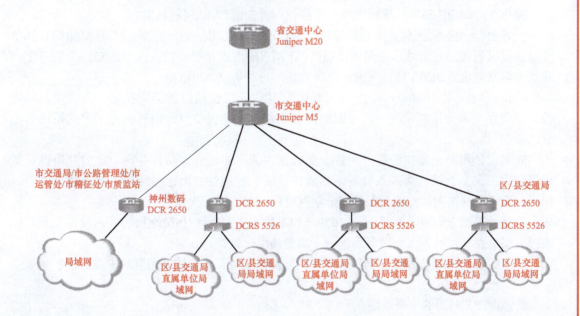

图1-6 某省交通系统市-县级交通局网络互联工程拓扑图

对图1-6的分析如下。

图1-6中的左侧部分所涉及的网络为已建成的一期工程，即从省交通网络中心到11个地市级交通局、省直属单位以及省厅的网络。

其中，整个广域网的核心，即省交通中心采用Juniper M20，该设备放置在省交通厅信息中心，11个地市交通中心核心设备采用Juniper M5，托管在当地电信机房，各地市交通局接入设备全部采用神州数码DCR 2650路由器。

一期工程整个网络采用动态路由协议OSPF，启用LSA的MD5加密功能。

图1-6中从市交通中心到区/县交通局的互联为二期工程。

从图1-6中可以看出，从地市交通中心到区/县交通局是通过运营商的IP宽带城域网实现的，区/县交通局通过运营商L2 VLAN实现和市交通中心核心路由器Juniper M5的互联，采用FTTX光纤直接到用户的接入方式。

对于二期工程神州数码建议采用"路由器+三层交换机"的方式。

具体来说就是，选择神州数码DCR 2650作为区/县交通局的接入设备，另外配置一个MR-FIC-1FE-TX接口卡，总计提供双百兆口。其中，外网口连接电信光纤链路，内网口连接神州数码三层路由交换机DCRS 5526；对于规模较小同时没有三层核心的区/县交通局，建议将DCRS 5526同时作为核心设备使用。DCRS 5526的另外一个功能就是下连区/县交通局直属单位局域网。

之所以选择"路由器+三层交换机"这种架构，最关键的因素在于这种架构方式可以维系整个网络的可靠性、稳定性、高性能和网管统一性。

神州数码DCRS 5526的使用主要侧重提供高性能的L2/L3层包转发。

一方面，一些小型区/县交通局可以作为核心设备使用；另一方面，区/县交通局直属单位以后可以直接通过运营商宽带IP城域网以FTTX的方式直接终结在DCRS 5526的端口上，并且可以充分运用DCRS 5526强大的包转发速率进行VLAN间路由。

神州数码DCR 2650+DCRS 5526这种路由器+三层交换机的架构在保证全网路由稳定性，以及保持和一期网管统一性方面所拥有的优越性是仅使用路由器或者三层交换机所无法比拟的。

如果仅使用路由器作为接入设备，那么在性能、扩展性方面将存在一定的局限性；如果仅使用三层交换机作为接入设备，尽管在性能、扩展性方面比单纯使用路由器有优势，但是在保证全网路由稳定性、保持和一期网管统一性方面有欠缺。

从网管系统方面讲，选择DCR 2650作为本次全省81个区/县交通局的接入设备而不是仅选择三层交换机，可以保证网管系统和一期的高度一致性。

综上所述，同时采用路由器和三层交换机，各取所长才是较好的解决方案。

（3）产品选型

选择DCRS 5526的主要原因在于以下3个方面。

1）弥补了DCR 2650在L2/L3包转发速率上的不足。

2）DCRS 5526可提供18Gbit/s的背板、6.6Mbit/s的包转发速率，已通过信息中心的测试。不仅可以提供区/县交通局内部局域网的高速数据包的路由、转发，同时还可以提供以后下属直属单位的网段间的高速数据包的路由、转发。

3）所有接入DCRS 5526的不同网段间通过DCRS 5526进行高速的数据包的路由，

通过在DCRS 5526配置默认路由到DCR 2650，然后通过在DCR 2650上进行路由汇聚到OSPF整个域中，这样可以保证全网的路由的高度稳定。如果直接使用三层交换机直接接入市交通中心，那么区/县一级网络的动荡将给那些采用E1专线的地市交通局链路带来一定的额外开销。

1.6 本章小结

- 熟悉传统以太网的局限性。
- 熟悉以太网的四大应用。
- 熟悉交换网络的现状。
- 熟悉交换网络VLAN技术的发展。
- 掌握交换与路由技术的结合。
- 熟悉交换网络的发展趋势。
- 掌握交换网络设计分层模型。

1.7 习题

（1）以太网的四大应用包括_____、_____、_____、_____。

（2）交换网络设计分层模型分为_____、_____、_____。

（3）简述二层交换网络的工作流程。

（4）简述接入层和汇聚层的功能。

第2章 园区网实现VLAN

用户在了解了VLAN交换机的转发处理机制后，还需要掌握各种VLAN划分方式的基本配置，这样才能组建基本的园区网。

内容提要

本章主要对初级网络技术中的交换网络二层VLAN技术进行探讨，以利于后续对交换网络扩展知识的学习。本章主要围绕如下方面进行讨论：

- VLAN技术及应用。
- 帧标记法（IEEE 802.1q）。
- Trunk 端口与Access端口。

2.1 VLAN技术

扫码看视频

本节将在回顾以往知识的基础上从交换机转发数据的过程角度对数据帧的转发过程加以说明。

1. PVID与VID

交换机端口与VLAN示意图，如图2-1所示。

图2-1 交换机端口与VLAN示意图

在图2-1所示的交换机中，将端口1和2划分到VLAN100中，将端口3~5划分到VLAN200中，将端口6和7划分到VLAN300中。在DCS-3926s的实现中，如果这几个端口全部是Access端口，则它们的PVID和VID都是一一对应的，见表2-1。

表2-1 PVID与VID

端口号	PVID	VID
端口1	100	100
端口2	100	100
端口3	200	200
端口4	200	200
端口5	200	200
端口6	300	300
端口7	300	300

实际上在这样的设置下,会在交换机中形成一个基于不同VLAN信息的MAC地址端口转发表。假设1端口对应的设备MAC地址为a,依次类推,其余端口对应的设备MAC地址为b、c、d、e、f,则交换机的转发表见表2-2。

表2-2 交换机的转发表

端 口 号	PVID	MAC地址	VID
端口1	100	a	100
端口2	100	b	100
端口3	200	c	200
端口4	200	d	200
端口5	200	e	200
端口6	300	f	300
端口7	300	g	300

当a设备发送了一个数据想与c设备通信时,交换机的动作过程如下:

1)交换机从端口1接收到目的地址为c的数据帧。

2)交换机查看接收端口的PVID值,本例中为100。

3)根据交换机查看MAC地址表的结果,该数据帧的目的地址C对应端口的VID值为200,与接收端口的PVID值(为100)不一致,因此认为源与目的不在同一个VLAN中,数据被丢弃。

4)如果此时交换机刚刚加电,交换机的MAC地址表为空,当交换机进行寻址转发时,会发现在MAC地址表中没有目的MAC地址对应的端口,则此时交换机就会根据接收端口的PVID值,在交换机除接收端口以外的所有VID值与接收端口的PVID值相同的端口中对此数据帧并进行广播式的发送。例如,本例中c所对应的端口PVID值与接收端口1的VID值不一致,而端口2的PVID值与接收端口1的VID值一致,所以此时数据帧会在端口2进行广播。

2. 帧标记法(IEEE 802.1q)

在图2-2中,如果两个楼层相距很远,无法直接连接在同一个交换机上,则会造成两个交换机之间的相同VLAN信息不能通信以及不同VLAN之间无法区分。交换机必须保证当从外语系语音室接收的信息如果在本地交换机找不到相应的出口,则此时需要转发给另一台交换机但,同时也必须让另一台交换机知道这是属于外语系语音室的,从而不会被对方转发给计算机房。

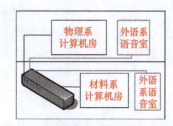

图2-2 不同楼层相同业务互联示意

VLAN的信息是在交换机内部携带的,当数据从交换机发出时,不携带VLAN的信息。为了解决这个问题,IEEE制定的802.1q标准为必要的帧分配一个唯一的标记用以标识这个帧的VLAN信息。帧标记法正在成为标准的主干组网技术,它能为VLAN在整个二层交换网络内运行提供更好的可跨越性。

帧标记法是为适应特定的交换技术而发展起来的,当数据帧在网络交换机之间转发时,在每一帧中加上唯一的标识,每一台交换机在将数据帧广播或发送给其他交换机之前,都要对该标记进行分析和检查。当数据帧离开网络主干时,交换机在把数据帧发送给目的终端之前清除该标识。在第二层对数据帧进行鉴别，只会增加少量的处理和管理开销。

IEEE 802.1q使用了4B的标记头来打tag（标记），4B的tag头包括2B的TPID（Tag Protocol Identifier）和2B TCI（Tag Control Information）。IEEE 802.1q的帧结构如图2-3所示。

2B TPID是固定的数值0x8100。这个数值标识了该数据帧承载了802.1q的tag信息。

2B TCI包含以下的组件：3bit用户优先级；1bit CFI（Canonical Format Indicator），默认值为0；还有12bit的VID（VLAN Identifier）VLAN标识符。

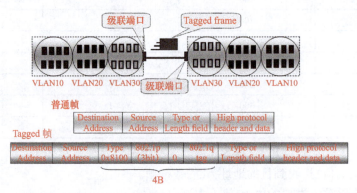

图2-3　IEEE 802.1q的帧结构

3．Trunk端口与Access端口

Trunk端口可以同时属于多个VLAN，这表明它可以接收来自多个VLAN的数据并将数据转发出端口，通常被设置为Trunk属性的端口是用来连接其他划分有相同VLAN成员的交换机的。相对地，另外一端的端口也应被设置为Trunk属性。

值得注意的是，从Trunk端口转发的数据都是IEEE 802.1q数据，对于普通数据终端来讲，这样的数据是非法的，无法正常处理。

Access端口只能被划分给某一个VLAN，这表明它只能接收来自于这个VLAN的数据，通常被设置为Access属性的端口用来连接并未划分VLAN的交换机、集线器或者干脆直接连接终端设备。

值得注意的是，从Access端口转发出的数据都是普通的数据，不携带任何VLAN信息，这些数据与普通终端发送的数据无异。

2.2　VLAN技术及其应用

1．SVL与IVL

IVL（Independent Vlan Learning）独立VLAN学习表。

每个VLAN对应的MAC地址表都是相互独立的，看起来好像有很多表，实际上在交换机中只有一个表。如果将VID相同的记录都提取出来组成一个表，那么一个物理上的表在逻辑上就可以认为是多个表。端口地址表的逻辑表示如图2-4所示。

IVL数据转发过程。在MAC地址表中以MAC+VID为主键进行存储。这样，同一个MAC就可能由于VID的不同而在MAC表中存在多条记录。端口地址表的逻辑表示如图2-4所示。

端口	MAC地址	VID
端口1	A	100
端口24	G	100，300

端口	MAC地址	VID
端口1	A	100
端口24	G	100

端口	MAC地址	VID
端口1	A	100
端口24	G	300

图2-4　端口地址表的逻辑表示

1）根据数据帧的目的MAC+VID在MAC表中寻找，找不到，转步骤3）。

2）向找到的端口转发数据帧，结束。

3）向数据帧携带的VID对应的整个VLAN的端口转发，结束。

SVL（Shared VLAN Learning）共享VLAN学习表。

数据转发过程，在MAC表中以MAC为主键进行存储，也就是说，同一个MAC在SVL方式下只能有一个记录存储在MAC表中。SVL方式交换机MAC地址表如图2-5所示。

端口	MAC地址	VID
端口1	A	100
端口24	G	100/300

设备只允许一个MAC地址对应一个VLAN

图2-5　SVL方式交换机MAC地址表

1）在MAC中，先根据MAC寻找相应的记录，找不到转步骤4）。

2）若MAC地址表中的VID与数据帧中携带的VID一样，则得到相应的目标端口；若不一样，则转步骤5）。

3）将数据帧转发到相应的端口，结束。

4）向数据帧携带的VID所对应的整个VLAN的端口转发，结束。

5）丢弃，结束。

2. VLAN数据转发过程分析

假设两台机器的VLAN10中包含端口1～8，VLAN20中包含9～16，VLAN30包含17～23。端口24与对端连接并配置为Trunk端口，允许所有VLAN数据帧通过，如图2-6所示。

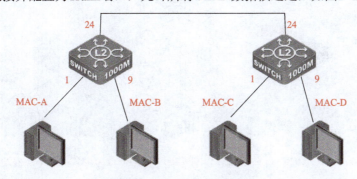

图2-6　交换机与MAC对应

左侧交换机形成的端口地址对应表见表2-3。

表2-3 左侧交换机形成的端口地址对应表

端口号	PVID	MAC地址	VID
端口1	10	MAC-A	10
端口9	20	MAC-B	20
端口24	10	MAC-C，MAC-D	10，20

右侧交换机形成的端口地址对应表见表2-4。

表2-4 右侧交换机形成的端口地址对应表

端口号	PVID	MAC地址	VID
端口1	10	MAC-C	10
端口9	20	MAC-D	20
端口24	10	MAC-A，MAC-B	10，20

当A设备需要向C设备发送一个数据时，数据的处理流程将按照如下规则进行。

1）左侧交换机从端口1接收到数据，按照端口1的PVID对数据帧进行封装，此时数据将明确成为VLAN10的数据。

2）交换机在MAC地址表的VID为10的端口中寻找目的MAC所在端口，查询得到端口24对应MAC-C，因此交换机决定将数据帧从端口24送出。

3）在送出数据帧之前，交换机根据24端口的属性决定发送何种数据帧，由于端口24为Trunk端口，因此数据帧发送时携带着VLAN信息，该例中数据将被加入VLAN10的标记。

4）右侧交换机从端口24接到数据帧，此时它查看该数据帧的属性为802.1q帧，因此按照帧标记的值（即VLAN10）查看目的出口。

5）根据右侧交换机的端口地址表，VID为10的端口中，端口1对应目的MAC-C，因此交换机决定从端口1发送此数据。

6）在送出数据之前，交换机查看端口1的属性为Access，因此将802.1q的封装拆掉，再发送给终端设备。

通过上述讲解，可以了解交换机对相同VLAN跨越交换机的数据处理过程。按照该原理，可以在一个相对复杂的环境中进行规划，实现对应的功能。图2-7所示为典型的企业和校园网络在接入层和汇聚层关于VLAN的应用情况。

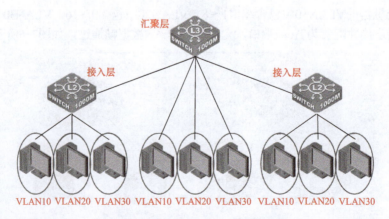

图2-7 典型网络连接与VLAN应用

2.3 端口MAC绑定

扫码看视频

1. MAC地址绑定

通常交换机支持动态学习MAC地址的功能,每个端口可以动态学习多个MAC地址,从而实现端口之间已知MAC地址数据流的转发。当MAC地址老化后,则进行广播处理。也就是说,交换机某接口上学习到某MAC地址后可以进行转发,如果将连线切换到另外一个接口上,交换机将重新学习该MAC地址,从而在新切换的接口上实现数据转发。但是,有些情况下为了安全和便于管理,需要将MAC地址与端口进行绑定,端口只允许已绑定MAC的数据流的转发。即MAC地址与端口绑定后,该MAC地址的数据流只能从绑定端口进入,其他没有与端口绑定的MAC地址的数据流不可以从该端口进入。

MAC地址绑定配置任务序列如下:
1)使能端口的MAC地址绑定功能。
2)端口MAC地址的锁定。
3)MAC地址绑定的属性配置。

配置过程详见配套的实训手册。

2. AM

AM(Access Management)又名访问管理,它利用收到数据报文的信息(源IP地址或源IP+源MAC)与配置硬件地址池相比较,如果找到则转发,否则丢弃。

AM pool是一个地址列表,每一个地址表项对应一个用户。每一个地址表项包括了地址信息及其对应的端口。地址信息可以有以下两种。

1)IP地址(IP-pool),指定该端口上用户的源IP地址信息。
2)MAC-IP地址(MAC-IP-pool),指定该端口上用户的源MAC地址和源IP地址信息。

AM的默认动作是:拒绝通过(deny),当AM使能时,AM模块会拒绝所有的IP报文通过(只允许IP地址池内的成员源地址通过),AM禁止时,AM会删除所有的地址池。

例如,用户有如下配置需求:交换机的1端口连接10.1.1.0/8网段,管理员希望用户IP为10.1.1.1~10.1.1.8的8个IP地址允许上网。

配置更改:
➢ 使能AM功能。
➢ 配置IP地址池。

配置步骤如下:

```
Switch(Config)#am enable                              //使能AM功能
Switch(Config)#interface ethernet 0/0/1               //进入e0/0/1端口
Switch(Config-Ethernet0/0/1)#am ip-pool 10.1.1.1 8    //配置IP地址池
Switch(Config-Ethernet0/0/1)#exit
Switch(Config)#exit
```

配置结果:

```
Switch#show am
am is enabled
Interface Ethernet0/0/1
```

am ip-pool 10.1.1.1 8 USER_CONFIG

以上配置完成后，在设备的Ethernet 0/0/1接口中连接的设备必须是10.1.1.1～10.1.1.8的地址段中的设备，若更改为其他地址，则无法连通上网。

再如，用户有如下配置需求：交换机的10端口连接100.1.1.0/8网段，管理员希望用户MAC+IP绑定关系为用户1（100.1.1.1，00-00-00-00-01-12）和用户2（100.1.1.2，00-00-00-00-00-13）。

配置更改：
- 使能AM功能。
- 配置MAC-IP地址池。

配置步骤如下：

```
Switch(Config)#am enable                                //使能AM功能
Switch(Config)#interface ethernet 0/0/10                //进入e0/0/10端口
Switch(Config-Ethernet0/0/10)#am mac-ip-pool 00-00-00-00-01-12 100.1.1.1
Switch(Config-Ethernet0/0/10)#am mac-ip-pool 00-00-00-00-00-13 100.1.1.2
                                                        //配置MAC-IP地址池
Switch(Config-Ethernet0/0/10)#exit
Switch(Config)#exit
```

配置结果：

```
Switch#show am
am is enabled
Interface Ethernet0/0/10
am mac-ip-pool 00-00-00-00-00-13 100.1.1.2 USER_CONFIG
am mac-ip-pool 00-00-00-00-01-12 100.1.1.1 USER_CONFIG
```

按照如上的配置，10端口中的设备必须为列表中的MAC地址且其IP地址也必须一一对应，否则无法连通。

2.4 本章小结

- 掌握PVID和VID的概念。
- 掌握Trunk端口和Access端口的属性。
- 熟悉SVL和IVL。
- 掌握VLAN数据转发过程。
- 熟悉MAC地址绑定。
- 掌握AM。

2.5 习题

（1）MAC地址绑定配置任务序列：_____、_____、_____。
（2）地址信息分为_____、_____两种。
（3）简述Trunk端口与Access端口的功能及作用。
（4）简述二层交换机基于VLAN的工作流程。

第3章 园区网实现冗余链路

基于网络可靠性的需求,一般的局域网在设计实施过程中会存在冗余链路。增加冗余链路后,网络的整体可靠性、稳定性大大增加,但是会带来一些更加严重的问题,如常见的广播风暴问题,发生后会严重影响网络的通信质量。所以,在此基础上应用相应技术将冗余链路在正常情况下进行阻塞,在正常链路通信中断后,可以在最短的时间内将阻塞的冗余链路激活,自动承担数据流量的转发功能。恢复网路数据流量的连通性是网络管理员所追求的目标。本章所讲的生成树便具有这样的功能。

生成树就是用来消除网络的二层环路问题,避免广播风暴的发生。一般对于网络拓扑结构较为简单的网络来说,很少布置生成树技术,因为管理员可以确定网络中无环路;但是对于一些规划比较复杂、冗余链路较多的网络有可能出现二层环路问题,此时布置生成树技术可以有效提高网络的健壮性与使用效率。

 内容提要

本章主要对初级网络技术中的交换网络二层技术进一步深入探讨,以利于后续对交换网络扩展知识进行学习。本章的学习目标如下:
➢ 理解STP是如何消除环路的。
➢ 理解STP的基本术语。
➢ 掌握STP的计算收敛过程。
➢ 掌握STP的端口状态。
➢ 了解STP的不足。
➢ 了解RSTP的改进。
➢ 掌握MSTP的作用原理。
➢ 掌握MSTP的配置与计算过程。
➢ 掌握生成树的保护机制与应用。

3.1 生成树协议的演化

1. 生长树协议(STP)回顾

在网络发展初期,透明网桥是一个很重要的网络设备。它比只会放大和广播信号的集线器要智能得多。在转发数据报的过程中,它可以记录下数据帧的源MAC地址和对应端口号,下次收到一个以此MAC为目的MAC地址的数据帧,就直接从记录中的端口号发送出

去，只有当目的MAC地址没有记录在案或者目的MAC地址本身就是多播地址或广播地址时，才会向除接受端口外的其他所有端口进行转发，这个动作一般称为泛洪。

通过透明网桥，不同的局域网之间可以实现互通，网络可操作的范围得以扩大，而且由于透明网桥具备MAC地址学习功能，因此不会像HUB那样造成网络报文碰撞泛滥。

随着网络技术的发展，透明网桥已经不能满足实际工程的需要，在此基础上又开发出了现在局域网中最为常见的交换机，之后透明网桥逐渐退出历史舞台。在后面的课程中将网桥等同于交换机就可以。

透明桥接网络的传输数据过程主要基于以下几个基本要素：

- 网桥（交换机）对于帧源MAC地址与端口对应的自动学习能力。
- 网桥（交换机）对于未知目的MAC地址帧的泛洪转发。
- 网桥（交换机）对于收到的目的MAC为组播或广播帧的泛洪转发。
- 网桥（交换机）对于学习到的地址与端口的对应关系的自动更新能力。
- 网桥（交换机）对于接收到的数据帧在发出之前不做任何的更改。

透明网桥在性能上提供了一定的优越性后，也在其他方面暴露出了它的问题，而它的问题起因也就在于以上特性。

透明网桥并不能像路由器那样知道报文怎样到达最终目的地，报文可以经过多少次转发，一旦网络存在环路就会造成报文在环路内不断循环和增生，甚至造成"广播风暴"。广播风暴是二层网络中灾难性的故障，会造成网络中大量的"垃圾流量"白白浪费网络带宽与设备资源、网络中交换机的MAC地址不稳定、终端主机收到大量的重复数据帧等严重危害。

总结起来，二层交换网络中的主要问题如下：

- 广播风暴。
- 同一帧的多份复制（重复数据帧）。
- 不稳定的MAC地址表（MAC地址表的抖动）。
- 二层交换网络中必须存在一个机制来阻止回路，这就是生成树协议。

生成树协议的基本思想十分简单，众所周知，自然界生长的树是不会出现环路的。如果网络也能够像一棵树一样生长，就不会出现环路，树由树根开始生长，由树根向各个节点开始发散，各个节点就相当于树叶，各条链路就相当于树枝，最终会从根到各个节点形成一棵无环的树形网络拓扑。在形成这颗无环树的过程中，STP定义了根桥、根端口、指定端口、路径开销等概念，通过构造一棵自然树的方法达到裁剪冗余链路的目的，同时实现链路备份和路径最优化。

要实现这些功能，网桥之间必须要进行一些信息的交流，这些信息交流单元就称为桥接协议数据单元BPDU（Bridge Protocol Data Unit）。STP BPDU是一种二层报文，目的MAC是多播地址01-80-C2-00-00-00，所有支持STP的网桥都会接收并处理收到的BPDU报文。该报文的数据区里携带了用于生成树计算的所有有用信息。

交换机之间定期发送BPDU包，交换生成树配置信息，以便能够对网络的拓扑、开销或优先级的变化做出及时的响应以进行网络的快速收敛。

下面详细讨论设备如何通过BPDU消息的传递进行以上的操作。首先了解一下BPDU数据包的格式。BPDU帧结构见表3-1和图3-1。

表3-1　BPDU帧结构

协议ID（2）	版本（1）	消息类型（1）	标志（包括拓扑变化）（1）	根ID（2）	根开销（6）
网桥ID（2）	端口ID（2）	消息寿命（2）	最大生存时间（2）	Hello计时器（2）	转发延迟（2）

```
protocol id:        0000 IEEE 802.1d
version id:         00
bpdu type:          00 config bpdu, 80 tcn bpdu
bit field:          1 byte
  1 : topology change flag
  2 : unused        0
  3 : unused        0
  4 : unused        0
  5 : unused        0
  6 : unused        0
  7 : unused        0
  8 : topology change ack
root priority       2 bytes
root id:            6 bytes
root path cost:     4 bytes
bridge priority:    2 bytes
bridge id:          6 bytes
port id:            2 bytes
message age:        2 bytes in 1/256 secs
max age:            2 bytes in 1/256 secs
hello time:         2 bytes in 1/256 secs
forward delay:      2 bytes in 1/256 secs
```

图3-1　BPDU帧结构

1）协议ID：对于IEEE 802.1d而言恒为0。

2）版本：恒为0。

3）消息类型：决定该帧中所包含的两种BPDU格式类型（配置BPDU或TCN BPDU）。

4）标志：标志活动拓扑中的变化，包含在拓扑变化通知（Topology Change Notifications）的下一部分中。

5）根ID：包括有根网桥的网桥ID。在收敛后的网桥网络中，所有配置BPDU中的该字段都应该具有相同值（单个VLAN）。它可以细分为两个BID子字段：根桥优先级和根桥MAC地址。

6）根开销：通向根网桥（Root Bridge）的所有链路的累积花销。

7）网桥ID：创建当前BPDU的网桥ID。对于单交换机（单个VLAN）发送的所有BPDU而言，该字段值都相同；而对于交换机与交换机之间发送的BPDU而言，该字段值不同。网桥ID由优先级+MAC地址组成。在BPDU比较过程中，网桥ID越小越优。

8）端口ID：每个端口值都是唯一的。例如，端口1/1的值为0x8001，而端口1/2的值为0x8002。

9）消息寿命：记录根桥生成当前BPDU起源信息所消耗的时间。

10）最大生存时间：保存BPDU的最长时间，也反映了拓扑变化通知（Topology Change Notification）过程中的网桥表生存时间情况。

11）Hello计时器：指周期性配置BPDU的时间。

12）转发延迟：用于在倾听和学习状态的时间，也反映了拓扑变化通知过程中的时间情况。

BPDU分为两种类型，包含配置信息的BPDU包称为配置BPDU（Configuration BPDU），当检测到网络拓扑结构发生变化时，则要发送拓扑变化通知BPDU。

对于配置BPDU，超过35B以外的字节将被忽略掉；对于拓扑变化通知BPDU，超过4B以外的字节将被忽略掉。

在一个交换网络环境中,如果物理上形成了冗余环路,而各个交换机又都在各自的连接端口启用了生成树协议,那么逻辑上的生成树形成过程可以分解为以下几个步骤。

(1) 决定根交换机

1) 最开始所有的交换机都认为自己是根交换机。

2) 交换机向所有已连接端口的物理网段发送配置BPDU,其根ID与桥ID的值相同。

3) 当交换机收到另一个交换机发来的配置BPDU后,若发现收到的配置BPDU中根ID字段的值大于该交换机中根ID参数的值,则丢弃该帧;否则更新该交换机的根ID、根开销等参数的值,该交换机将以新值继续广播发送配置BPDU。

这样在一段时间后,当一个交换网络的边缘交换机之间所交换的配置BPDU得到对方的处理之后,根交换机就被选择出来了。如图3-2所示,当SW1与SW2交换过配置BPDU后,SW2向SW4发出的BPDU包中的根ID值将包含SW1的MAC地址,这样经过两个周期左右的BPDU交换后,SW1就被该交换网络中的所有交换机公认为根。SW1对应MAC为××-××-××-××-××-01的交换机,所有交换机优先级都为默认值,SW2~SW4依次类推。

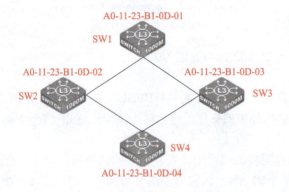

图3-2 典型的交换冗余连接

(2) 决定非根交换机的根端口

一个交换机将数据发送到根交换机所选择的出口称为根端口(Root Port,RP)也可以这样理解,非根交换机上的根端口是用来接收根发来的数据的。

对于非根交换机而言,如果从不同的端口均可以接收到来自相同根交换机的BPDU,则认为整个交换网络中存在环路,因此要在这些端口中选择出一个端口作为正式的转发端口(也就是根端口),其他端口则不承担转发数据给根的任务。所以,在非根交换机上同一时刻有且只能有一个根端口。在非根交换机的众多端口上选择出一个最优的根端口的原则如下。

选择的依据是优先级高低的顺序:根开销、上游交换机ID、上游交换机发送端口ID。

若有多个端口具有相同的最低根路径开销,则对应的上游交换机ID最小的端口将成为根端口。若有两个或多个端口具有相同的最低根路径开销和上游交换机ID,则对应上游交换机中较低端口ID的本机端口为根端口。

在图3-2所示的环境中,如果SW4的左侧对应上游交换机端口为1/1,右侧对应上游交换机的端口为1/2,图中各条链路的带宽假定均为100Mbit/s,则在不改变端口优先级配置的条件下,根据生成树协议定义,SW4将选择它的1/1左侧端口为到达根交换机的根端口。

如果是图3-3所示的连接，则对左侧和右侧交换机而言不论哪台设备成为根交换机，另外一台设备的根端口都将是其24号接口。

图3-3　根端口的选择示意图

（3）认定物理网段的指定交换机

首先，需要明确物理网段的含义。在生成树协议中，物理网段是指使用HUB和中继器连接的网段，其上存在着两个或多个交换机出口。

- 开始时，所有的交换机都认为自己是本物理网段的指定交换机，收到根发来的BPDU后开始将该BPDU转发到此物理网段。
- 当交换机接收到具有更低根开销的（同一个物理网段中）其他交换机发来的BPDU时，该交换机就不再宣称自己是指定交换机，将不会从此接口再次向外发送BPDU。
- 如果在一个物理网段中，有两个或多个交换机具有同样的根开销，则具有最高优先级（网桥ID最小）的交换机被先指定为指定交换机。在一个物理网段中，只有指定交换机可以接收和转发帧，其他交换机的所有端口都被置为阻塞状态，从而有效地避免二层交换环路。
- 如果指定交换机在某个时刻收到了物理网段上其他交换机因竞争指定交换机而发来的配置BPDU，则该指定交换机将发送一个回应的配置BPDU，以重新确定指定交换机。

在图3-2所示的环境中，与根交换机连接的两个网段，由于根交换机优先级最低，且根到自己的开销为0，因此它也被称为在此单个物理网段中的指定交换机；在SW2、SW3与SW4连接的两个物理网段中，则需要在它们之间选择指定交换机。可以看到，由于SW4从SW2和SW3都可以收到具有比自己形成的根开销更小的配置BPDU包，因此在SW4左侧的物理网段中，SW2是指定交换机；在SW4右侧的物理网段中，SW3是指定交换机，每个物理网段上指定交换机选举完成后开始选举本网段上的指定端口。

（4）决定指定端口

物理网段的指定交换机中与该物理网段相连的端口称为指定端口（Designate Port，DP）。若指定交换机有两个或多个端口与该物理网段相连，那么具有最低标识的端口（端口标识最小）为指定端口。

除了根端口和指定端口外，其他端口都将置为阻塞状态。这样，在决定了根交换机、交换机的根端口，以及每个LAN的指定交换机和指定端口后，一个生成树的拓扑结构也就决定了，树形拓扑是无环的。

在图3-2所示的环境中，SW2和SW3由于分别在与SW4连接的物理网段中被选举为指定交换机，因此它们与SW4连接的端口被决定成为指定端口。在SW4中，由于选择了左侧端口为根端口，因此右侧端口被置为阻塞状态。最终通过生成树的计算阻塞了SW4上的右侧链路，有效地避免了二层环路的产生。

根据以上4个步骤计算得到最终的生成树逻辑结构图，如图3-4所示。

图3-4　最终的生成树逻辑结构图

2. 生成树协议分类

STP的分类如下：

- 第一个STP称为DEC STP。
- 在1990年，IEEE公布了首个协议标准802.1d。
- CST（公共生成树）假设整个桥接网络中只有一条802.1d生成树实例，而不管网络中有多少个VLAN。由于这个版本的生成树协议只有一个实例，因此它消耗的CPU和内存需求比其他版本要低一些。不过，同样由于只有一个实例，根桥只有一个，树形结构也只有一个。也就是说，所有VLAN的流量都会通过相同的路径。这就有可能产生次优流量，而且当固有的802.1d计时机制导致拓扑发生变化时，网络的收敛时间也比较慢。STP虽然解决了二层环路问题，但是不能有效地利用链路带宽资源，并且当网络拓扑发生变化时收敛速度较慢。
- 快速STP（RSTP）或IEEE。802.1w是STP的改进版本，它可以使STP更快地收敛。这个版本可以解决很多收敛的问题，不过由于这仍然是单实例的STP，因此它无法解决出现次优路径的问题。为了实现快速收效，这个版本的CPU和内存需求比CST稍高。
- 多生成树是一个IEEE标准，它是由早期Cisco公司私有的多实例生成树协议（MISTP）方案演进而来的。为了减少网络中所需的STP实例数量，MST可以将多个拥有同样数据流量需求的VLAN映射进同一个生成树实例中，从而提高网络的总体带宽使用效率。

3.2　快速生成树协议

1. 快速生成树协议（RSTP）的概念

针对传统的STP收敛慢这一弱点，一些网络设备供应商开发了针对性的STP增强协议，而IEEE正是看到了这一广泛的需求，才致力于制定标准的802.1w协议。这一协议是针对传统802.1d收敛慢而作的改进，它使得以太网的环路收敛得以在1～10s之中完成，所以802.1w又被称为快速STP（Rapid Spanning Tree Protocol，RSTP）。从某种意义上说，802.1w只是802.1d的改进和补充，而非一个创新的技术。

IEEE 802.1w协议提供了交换机(网桥)、交换机端口(网桥端口)或整个LAN的快速故障恢复功能。通过将生成树"hello"作为本地链接保留的标志，RSTP改变了拓扑结构的保留方式。这种做法使原始802.1d fwd-delay和max-age计时器成为冗余设计，目前主要用于备份，以保持协议的正常运营。

RSTP引入了新的BPDU处理和新的拓扑结构变更机制。每个网桥每次"hello time"都会生成BPDU，即使它不从根网桥接收时也是如此。BPDU起到在网桥间保留信息的作用。如果一个网桥未能从相邻网桥收到BPDU，它就会认为已与该网桥失去连接，从而实现更快速的故障检测和融合。

在RSTP中，拓扑结构变更只在非边缘端口转入转发状态时发生。丢失连接，例如，端口转入阻塞状态，不会像802.1d一样引起拓扑结构变更，因为某些端口可能是边缘端口，它们连接的是终端机器，这些端口进入禁用状态很可能只是由于终端关机引起。802.1w的拓扑结构变更通知(TCN)功能不同于802.1d，它减少了数据的溢流。

在802.1d中，TCN被单播至根网桥，然后组播至所有网桥。802.1d TCN的接收使网桥将转发表中的所有内容快速失效，而无论网桥转发拓扑结构是否受到影响。相形之下，RSTP可以明确地告知网桥，除了经由TCN接收端口了解到的内容外的其他内容都将不会失效，优化了该流程。TCN行为的这一改变极大地降低了拓扑结构变更过程中MAC地址的重学习数量和时间，加速了网络的收敛。

2. RSTP端口角色和端口状态

RSTP在端口状态(转发或阻塞流量)和端口作用(是否在拓扑结构中发挥积极作用)间进行了明确的划分。当阻塞状态的端口接收来的BPDU和其端口发送出去的BPDU比较时，如果其接收的BPDU的根开销比该端口发送的BPDU根开销更优，则端口根据接收BPDU的发送源不同而产生不同的端口作用。除了从802.1d沿袭下来的根端口和指定端口定义外，对阻塞端口还定义了以下两种新的作用。

> 备份端口。当阻塞端口接收的更优的BPDU是由同一台交换机的另一个端口发出时，这个阻塞端口被指定为备份端口。它用于指定端口到生成树树叶的路径的备份，仅在到共享物理网段有2个或2个以上连接，或2个端口通过点到点链路连接为环路时存在。

> 替换端口。当阻塞端口接收的更优的BPDU是由另一台交换机的端口发出时，阻塞端口被认为是替换端口。它提供了对交换机当前根端口的替换选择。

简单地说，备份端口是对指定端口的备份，替换端口是对当前根端口的备份。这些RSTP中的新端口实现了在根端口故障时替换端口到转发端口的快速转换。替换端口与备份端口如图3-5所示。

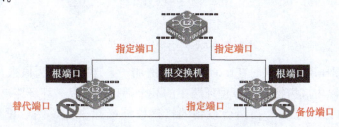

图3-5 替换端口与备份端口

注意，这里两种端口的作用都是针对阻塞端口的，即在一个网络中对不同对象时，阻塞端口的作用可以是本机根端口的替换端口，也可以是指定端口的备份端口。

RSTP定义了3种状态：放弃、学习和转发。根端口或指定端口在拓扑结构更改中发挥着积极作用，而替换端口或备份端口不主动参与拓扑结构维护。在稳定的网络中，根端口和指定端口处于转发状态，替代端口和备份端口则处于放弃状态，见表3-2。

表3-2 各端口的状态

STP状态	RSTP端口状态	端口处于活动状态	学习MAC地址
Disabled	放弃	No	No
Blocking	放弃	No	No
Listening	放弃	Yes	No
Learning	学习	Yes	Yes
Forwarding	转发	Yes	Yes

3．RSTP快速收敛

原来的802.1d协议算法在将端口转变为转发状态时只是被动地等待网络上发来的信息，一个关系到收敛快慢的重要因素在于调节默认的转发延迟和生存时间值。快速生成树协议可以使接口在几乎没有延迟的情况下转变为转发状态，大大加快了生成的收敛速度。

（1）边缘端口和连接类型

边缘端口是指那些只与终端连接而不连接任何交换机的端口。

当一个端口工作在全双工模式下时就被认为是点对点的连接类型，而半双工端口则被认为是共享式的网络连接类型。只有在由边缘端口和点对点链路构成的交换网络中，快速生成树收敛才会很快。

在图3-6所示的环境中，分析使用802.1d和802.1w进行的收敛将会有何不同。

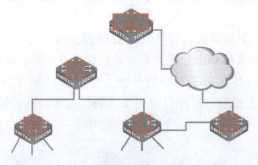

图3-6 网络初始环境

初始情况如图3-6所示，这时在root和A之间增加一条连接，因为原来从A到root已经有一条链路存在，所以生成树协议运算使环路中的某个端口断开以破坏环路。

先看生成树协议的过程：当两台设备的接口被连接起来后，两台设备的接口都进入到倾听状态，这时A可以从上面的端口收到来自根交换机的直接消息，所以它马上将这个

BPDU从它的指定端口发送出去,直达叶子交换机。一旦交换机B和C从A收到这个更好的消息,它们也会向它们的叶子交换机转发出去。这样,几秒钟过后,D就可以从根接收到一个BPDU并立即阻止掉它的1端口,如图3-7所示。

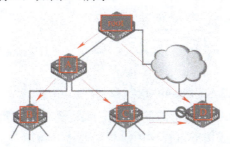

图3-7　生成树的形成

生成树协议在计算新拓扑方面的确很有效,唯一的问题在于双倍的转发延迟破坏了从根到A之间原本马上就可以建立起来的连接。这意味着由于802.1d缺乏一种回馈机制而使得数据传输至少会有30s的延迟。

下面来分析802.1w的收敛过程。

在相同的网络连接环境和相同的变化环境下,尝试分析802.1w是否可以以更快的速度生成与生成树一样的全新的拓扑结构。

当A和根被连接起来时,它们都将各自对应此连接的端口切换为阻塞状态,这样做的主要目的在于切断网络中所有可能的环路。这看起来与802.1d并没有区别,但此时在802.1w中,A和根交换机之间是有协商发生的。

一旦A接收到根交换机的BPDU,它就把非边缘端口切换为阻塞状态,这个过程被称为"同步"。同时,A明确地向根交换机发出将该接口切换为转发状态的验证请求。如图3-8所示,A和根之间的链路被阻断,两个交换机交换了BPDU。

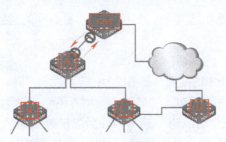

图3-8　收敛过程的发起

其交换的BPDU标志位的置位情况如下。

| 1 | 1 | 0 | 0 | 0 | 0 | 1 | 0 | 0 |

一旦A阻塞了它的非边缘指定端口,在A和根之间的链路就被设置为转发状态。这样就仍然不会有环路产生,这次没有阻塞A上面的链路,而是将A下面的链路(潜在的环路)在不同的位置截断了。这种剪裁随着根产生的新的BPDU沿着A向下游传送。与根和A之间不同的是,B只是拥有边缘指定端口,它在验证A交换机端口进入转发状态时没有需要变为阻塞的端口。同样地,只需将它与D连接的端口变为阻塞状态,就可完成对A对应端口的转发切换验证。快速生成树收敛中间态如图3-9所示。

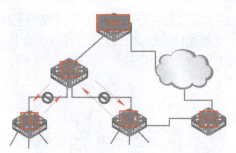

图3-9 快速生成树收敛中间态

图3-10所示是使用802.1d最后形成的一个拓扑图形,随着新的BPDU沿着树到达,D中的1端口被阻塞。在快速生成树的过程中,没有任何计时器加入,不同的是,在交换机的新根端口上加入了确认机制已开启上游交换机的对应端口成为转发状态,这样转发延迟的等待时间就减少到原来的1/3。

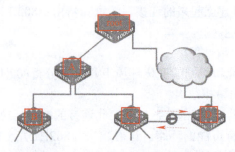

图3-10 生成树收敛后稳定状态

这个过程需要注意以下两点:

1)这样的协商过程只存在于点对点连接的交换机之间(全双工工作模式的端口或者明确指明为点对点配置)。

2)边缘端口的设置也是很重要的。如果没有设置必要的边缘端口,则整个交换环境的连通性将会受到很大影响。

(2)请求/确认序列

在图3-11中,分析当RSTP中的某端口需要成为指定转发端口时,所经历的请求及确认过程。

假设A与root之间的链路是新加入的链路,此时A和root交换机都将端口设置为放弃或学习状态,并且只有在放弃或学习状态下的端口才可以向外发送请求位置位的请求BPDU,由于A可以由此得知这个ROOT信息是更优的,因此A将其余端口置于同步状态确保整个交换机于这个新的信息同步。

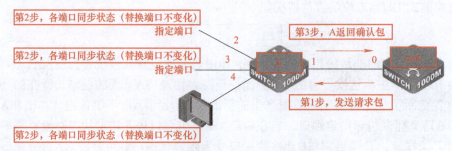

图3-11 快速生成树的请求及确认过程

当一个接口处于阻塞状态或者它就是一个边缘端口时,该接口即处于同步状态。

为了说明同步机制在不同类型的接口所产生的效果,假设这里存在一个替换接口、一个指定转发接口和一个边缘接口,替换接口和边缘接口已经符合了同步的条件,为了达到交换机的同步,指定转发端口3被阻塞掉了,被设定为放弃状态。这样一来,A就可以将它的新根端口设置为非阻断状态,并且同时发送一个确认消息给根交换机,这个确认是对请求BPDU的一份复制,只是确认位置1,而不是请求位置1。这样根交换机的0端口也因为得到了明确的确认而可以被立即转换为转发状态。

这里需要注意的是,当A向根发送了确认BPDU之后,它的端口3也到达了和之前根交换机的端口0一样的状态,因此在端口0收到A的确认而转换为转发状态时,端口3也在向它的对端交换机发送它的请求BPDU,以确定是否可以将端口3切换为转发状态。快速生成树的握手回馈机制,如图3-12所示。

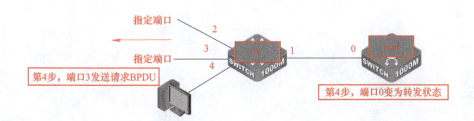

图3-12　快速生成树的握手回馈机制

注意,这里的请求回馈机制非常快速,因为它没有任何计时器的延迟,这种握手将很快传递到边缘网络,并且在拓扑变化后快速恢复网络的连通性。

如果一个指定放弃端口发送了请求之后不能很快接收到确认BPDU,则它将重新采用传统的802.1d方式使用倾听+学习的延迟序列进行缓慢的转换,这种情况多发生在对端交换机不能理解RSTP的协议数据单元,或者是对端交换机的端口处于阻塞状态。

(3) 拓扑变化检测

在RSTP中,只有非边缘端口切换到转发状态,才会引起拓扑变化。与802.1d对比,这里连接丢失并不再被认为是拓扑变化(在802.1d中端口被置为阻塞状态不认为是拓扑变化)。

当RSTP交换机检测到一个拓扑变化之后,将会做以下的动作。
- 交换机会向所有非边缘指定端口和必要的根端口发送TC BPDU,时间间隔为2倍的hello时间。
- 交换机刷新与这些非边缘端口相关的所有MAC地址表内容。

(4) 拓扑变化传递

当交换机接收到来自某个邻居的TC位置位的BPDU之后,将会做以下动作。
- 将除接收拓扑变化的端口之外的所有端口的MAC地址表清空。
- 在计时器到期时向所有的指定端口和根端口发送TC BPDU(除非一个传统生成树交换机需要,否则快速生成树将不再发送明确的TCN BPDU)。

采用这种方式，TCN被非常快地传递到整个网络。事实上，拓扑变化是由变化源传递给整个网络的，而不是像802.1d一样只能通过根交换机完成。这也在某种程度上提升了快速生成树协议的整体速度。

在如图3-13所示的环境中，假设交换机的序号代表了其ID的高低，很容易判断，SW1将成为根交换机，它的两个端口将成为指定端口处于转发状态。

SW2和SW3的端口1将因为直接从根得到BPDU，根开销最小而成为根端口，处于转发状态。SW3的端口2因为不是根端口，而且在与SW2连接的链路中桥ID比较高，所以成为阻塞端口；相应地，SW2的端口4就成了指定端口，处于转发状态。

稳定后形成的生成树形态，如图3-13所示。

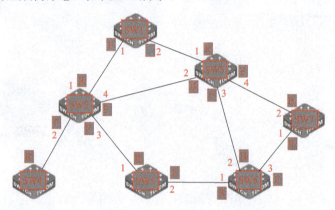

图3-13 稳定后的生成树形态

当其中某条转发链路断开时，根据快速生成树的规定，交换网络的生成树形态就有可能会发生很大的改变，其改变的原则如上面所描述的一样。如果从SW2到SW5的链路突然中断，那么各个交换机的操作会如何？

下面首先分析各个交换机的端口状态，以及替换端口和备份端口的分布。

对于根交换机SW1，其上所有端口均为指定转发端口，由于没有两个端口同时接入同一个物理网络段，因此对指定端口1和2没有替换端口存在。

对交换机SW2，其上端口1为根端口，如果根端口失效，则根据根开销的值判断端口4将接替端口1成为根端口，因此端口4为备份端口；由于没有两个端口同时接入同一个物理网络段，所以对指定端口2、端口3和端口4没有替换端口存在。

对交换机SW3，其上端口1为根端口，如果根失效，则根据根开销的值判断端口2将接替端口1成为根，因此端口2为备份端口，端口3作为指定端口没有替换端口存在。

对交换机SW4，只有一个端口连接到网络中，因此没有备份和替换端口。

对交换机SW5，端口2为端口1的备份端口，没有替换端口。

对交换机SW6，端口2为端口1的备份端口，没有替换端口。

对交换机SW7，端口2为端口1的备份端口，没有替换端口。

各个交换机的端口状态，见表3-3。

表3-3　各个交换机的端口状态

交换机	根端口	指定端口	阻塞端口	根的备份端口
SW1		1、2		
SW2	1	2、3、4		
SW3	1	3、4	2	2
SW4	1			
SW5	1	2		
SW6	1	3	2	2
SW7	1		2	2

图3-14所示为RSTP的收敛过程。

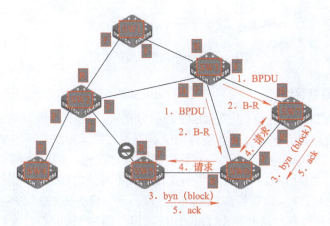

图3-14　RSTP的收敛过程

需要注意的是：
- RSTP并不会将端口的失效作为拓扑更改事件启动收敛过程。
- 当交换机从原来的根端口3个Hello时间没有收到BPDU，则认为需要将替换接口转换为根端口了。
- 交换机决定是否确认对端交换机端口的转发状态的依据是其BPDU中携带的根开销，如果认为对端接口的根开销更小，则确认，否则不予回应。
- 整个确认的过程不需要计时器的启动，因此几乎没有延迟。

可见，RSTP相对于STP的确改进了很多。为了支持这些改进，BPDU的格式做了一些修改，但RSTP仍然向下兼容STP，可以混合组网。RSTP和STP同属于单生成树SST（Single Spanning Tree），有它自身的诸多缺陷，主要表现在以下3个方面。

1）由于整个交换网络只有一棵生成树，因此在网络规模比较大时会导致较长的收敛时间，拓扑改变的影响面也较大。

2）近些年IEEE 802.1q逐渐成为交换机的标准协议。在网络结构对称的情况下，单生成树也没什么大碍。但是在网络结构不对称的情况下，单生成树就会影响网络的连通性，如图3-15所示。

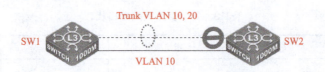

图3-15 不对称网络中网络连通性问题

3）当链路被阻塞后将不承载任何流量，造成了带宽的极大浪费，这在环形城域网的情况下比较明显，如图3-16所示。

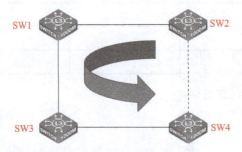

图3-16 环形网络中带宽的浪费

4．RSTP与STP的兼容性

RSTP是STP的改进版本，可以支持STP的所有功能，可以和传统的STP一起工作。当802.1w和传统的网桥一起工作时，前者固有的快速收敛优势就无法发挥出来。

每个端口都会维护一个变量，这个变量定义了运行在对应网段上的协议。如果该端口在两个Hello时间内，连续接收到了与其当前操作模式不对应的BPDU，则该端口就会进入其他的ATP模式例如，RSTP端口切换到STP模式时，该端口将会失去RSTP的特性。RSTP可以兼容STP，但是STP是没有办法兼容RSTP的，所以运行STP模式的端口收到RSTP的BPDU时不能识别，会直接丢弃。

3.3 多生成树协议

1．多生成树协议（MST）的概念

多生成树（Multiple Spanning Tree，MST）的主要目的是降低与网络的物理拓扑相匹配的生成树实例的总数，进而降低交换机的CPU周期。MST不考虑那些也许用不着使用很多不同STP拓扑的物理拓扑。MST可以使用最少数目的STP实例来匹配现有物理拓扑的数目。配置MSTP最终实现的效果在交换网络中出现了多棵树，实现业务流量基于VLAN间的负载分担。

2．MST区域

MST生成树实例只能存在于能够兼容VLAN实例分配的网桥上。只要通过使用相同的MST配置信息来配置一组交换机，就可以允许它们参加到特定生成树实例组之中。"MST区域"是指一组相互连接，并且具有相同MST配置的交换机。

管理员只有使用相同的MST配置信息来配置一组交换机，才能让它们加入到一个特定的生成树实例集中。这种相互连接，并且具有相同MST配置的一组网桥被称为"MST区域"。拥有不同MST配置的交换机或运行802.1d协议的传统交换机则可以看作位于不同的MST区域中。如图3-17所示,网络中的4台交换机运行MSTP。其中,SW A作为VLAN10、VLAN20的根桥,SW B作为VLAN30、VLAN40的根桥。

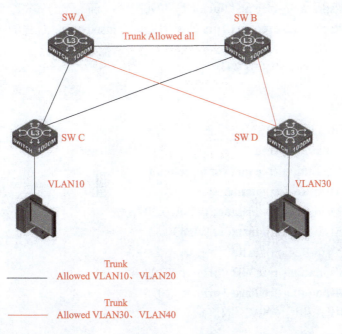

图3-17　MST示例

3．MST扩展系统ID

MST使用了一个12bit的扩展系统ID字段,如图3-18所示。在MST中,这个字段包含了MST的实例编号。

图3-18　MST扩展系统ID字段

4．参考配置

（1）组网说明

网络中的4台交换机运行MSTP。其中SW A作为VLAN10、VLAN20的根桥,SW B作为VLAN30、VLAN40的根桥。

（2）组网图

组网图如图3-17所示。

（3）配置步骤

1）SW A的配置。

```
#配置MSTP,并创建MSTP多实例
switch(config)#spanning-tree
switch(config)#spanning-tree mst configurtaion
switch(config-Mstp-Region)#nametest配置MSTP域名
```

switch(config-Mstp-Region)#**instance** 0**vlan**10;20将vlan10、vlan20映射到实例0中
switch(config-Mstp-Region)#**instance** 1**vlan**30;40将vlan30、vlan40映射到实例0中
switch(config-Mstp-Region)#**exit**
switch(config)#**spanning-tree mst** 0**priority** 4096配置instance 0的优先级
switch(config)#**spanning-tree mst** 1**priority** 8192配置instance 1的优先级

　　#配置端口模式和透传的VLAN信息
略

2）SW B的配置。
　　#配置MSTP，并创建MSTP多实例
switch(config)#**spanning-tree**
switch(config)#**spanning-tree mst configurtaion**
switch(config-Mstp-Region)#**name**test
switch(config-Mstp-Region)#**instance** 0**vlan**10;20
switch(config-Mstp-Region)#**instance**1**vlan**30;40
switch(config-Mstp-Region)#**exit**
switch(config)#**spanning-tree mst** 0**priority** 8192
switch(config)#**spanning-tree mst** 1**priority** 4096
　　#配置端口模式和透传的VLAN信息
略

3）SW C的配置
　　#配置MSTP，并创建MSTP多实例
switch(config)#**spanning-tree**
switch(config)#**spanning-tree mst configurtaion**
switch(config-Mstp-Region)#**name**test
switch(config-Mstp-Region)#**instance** 0**vlan**10;20
switch(config-Mstp-Region)#**instance**1**vlan**30;40
switch(config-Mstp-Region)#**exit**
　　#配置端口模式和透传的VLAN信息
略

4）SW D的配置。
　　#配置MSTP，并创建MSTP多实例
switch(config)#**spanning-tree**
switch(config)#**spanning-tree mst configurtaion**
switch(config-Mstp-Region)#**name**test
switch(config-Mstp-Region)#**instance** 0**vlan**10;20
switch(config-Mstp-Region)#**instance**1**vlan**30;40
switch(config-Mstp-Region)#**exit**
　　#配置端口模式和透传的VLAN信息
略

（4）注意事项

同一个MSTP域中的设备，VLAN信息和MSTP配置信息（名称、实例VLAN对应关系）必须保持一致，否则会出现多域的现象导致MSTP无法正常运行。

3.4 生成树的保护机制

扫码看视频

1．BPDU防护

如果接口启用了STP PortFast特性，那么当该接口接收到BPDU时，BPDU防护特性就会使其进入"err-disable"状态。为了避免桥接环路，BPDU防护会作为一种预防措施来禁用接口。

【参考配置】

sw1(config-if-ethernet1/0/10)#spanning-tree portfast bpduguard ?
Recovery Auto recovery

2．BPDU过滤

通过使用BPDU过滤功能，能够防止交换机向主机设备发送不必要的BPDU。这样既节省了网络资源，又起到保护网络安全的作用。

【参考配置】

sw1(config-if-ethernet1/0/10)#spanning-tree portfast bpdufilter

3．根防护

在网络发生异常期间，根防护能够有助于避免网络中产生二层环路。根防护特性能够强制让接口成为指定端口，进而能够防止周围的交换机成为根交换机。也就是说，根防护为网络提供了一种强制部署根网桥的方法。如果网桥在启用了根防护的端口上接收到了更优的BPDU，那么端口就会进入"不一致根"的STP状态（等效于监听状态），并且交换机也不会从这个端口转发流量。基于上述原因，这种特性能够有效地巩固根网桥的位置，保证现有网络中根桥不被切换。

【参考配置】

sw1(config-if-ethernet1/0/10)#spanning-tree rootguard

3.5 避免转发环路和黑洞

在网络部署中，为了提高网络的稳定性，往往会采取物理冗余的方式。即使到交换机B的某个端口出现故障，由于物理冗余的存在，因此使得数据仍然可以传送，只是其传送的路径不同而已。当网络运行正常时，生成树协议会自动根据相关的规则来确定数据流传送的路径。所以虽然形成了一个物理的环路，但是在数据传递时，不会因为环路而形成网络黑洞。如果采取某种保护机制，当网络出现故障后在恢复的过程中，就可能出现临时环路问题。

1. 环路防护

环路防护能够对二层转发环路（STP环路）提供额外的保护。当冗余拓扑中的STP阻塞端口错误地过渡到转发状态时，就意味着网络中产生了桥接环路。在物理冗余拓扑中的某个端口（不一定就是STP阻塞端口）已经停止接收STP BPDU时，常常会出现这种情况。在STP环境中，根据端口角色的不同，交换机会连续地处于接收BPDU或发送BPDU的状态（指定端口发送BPDU，而非指定端口接收BPDU）。

当物理冗余拓扑中的某个端口停止接收STP BPDU时，STP会认为拓扑是无环的。

最后，原本是替代端口或备份端口的阻塞端口将过渡到指定端口，并且将进入STP转发状态，进而产生桥接环路。

【参考配置】

sw1(config)#spanning-tree loopguard default //（全局）
sw1(config)#int f0/9
sw1(config-if)#spanning-tree guard loop //（接口）

2. 单端口环路检测

当邻居之间的流量只能在一个方向上传输时，就意味着网络中出现了单向链路。单向链路也有可能引发生成树拓扑环路的问题。单向链路检测（UDLD）使设备能够检测出网络中何时出现了单向链路，并关闭相关的接口。在光纤端口上，UDLD是一项很有用的特性，它可以防止由于插线面板配线错误使得链路表面上工作正常，但实际上却会丢弃BPDU的问题。

在启用了UDLD的情况下，交换机会定期地向邻居发送UDLD协议数据包，并且期望在预设的计时器到期之前接收到回应的数据包。如果计时器到期，那么交换机就会将该链路判断为单向链路，并且将关闭该端口。

神州数码针对网络中存在用户自行架设的HUB设备可能导致的环路，在交换机设备上运行单端口环路检测（见图3-19）以防止由于HUB连线失误导致的网络环路。

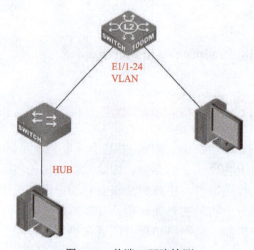

图3-19 单端口环路检测

（1）参考配置步骤

#全局配置单端口环路检测报文的发送间隔（有环路时120s发送1次，没有环路时2s发送1次）

switch(config)#loopback-detection interval-time35 15
#端口打开单端口环路检测功能，控制模式为ShutDown
switch(config)#interface ethernet 1/1-24
switch(config-if-port-range)#loopback-detection special-vlan1
switch(config-if-port-range)#loopback-detection control shutdown
switch(config-if-port-range)#exit
#全局打开单端口环路ShutDown自动恢复功能，恢复时间为300s
switch(config)#loopback-detection control-recovery timeout300

（2）注意事项

1）单端口环路检测必须在端口开启。同时，必须指定检测哪个VLAN内的环路，该功能才可生效。

2）单端口环路检测功能在和STP混合使用时，端口的控制模式只能是"ShutDown"，否则会导致STP状态异常。

3）端口控制模式是"ShutDown"时，需要全局打开恢复功能。默认ShutDown的端口不会自动恢复。

3. Flex链路

Flex链路是一种二层的可用性特性。它是STP的一种替代解决方案，可以让用户在关闭了STP的情况下，仍然可以实现基本的链路冗余。Flex链路可以与启用了STP的分布层交换机共存，但是分布层交换机不会发现Flex链路特性。这种特性可以让收效时间降低到50ms以下。另外，收敛时间也不会受到交换机上行链路端口上所配置的VLAN或MAC地址数量的影响。

3.6 链路聚合

扫码看视频

1. 链路聚合概述

图3-20所示为端口聚合的典型应用。图3-20中两台工作组级交换机之间的连接采用了两个100Mbit/s的端口捆绑成200Mbit/s，网络带宽得到了增加，网络连接的可靠性得到了加强，一旦出现某条物理连接故障，网络不会中断，只是网络的带宽变小了，但却可以保证该网络上的通信保持下去。图3-20中的交换机是24端口的100Mbit/s以太网交换机，没有上行高速端口，通过端口聚合，无须硬件升级，就可以扩展网络带宽及提高网络整体可靠性。

聚合的主要功能就是将多个物理端口（一般为2~8个）绑定为一个逻辑的通道，使其工作起来就像一个通道。将多个物理链路捆绑在一起后，不但提升了整个网络的带宽，而且数据还可以同时经由被绑定的多个物理链路传输，具有链路冗余的作用，在网络出现故障或其他原因断开其中一条或多条链路时，剩下的链路还可以工作。

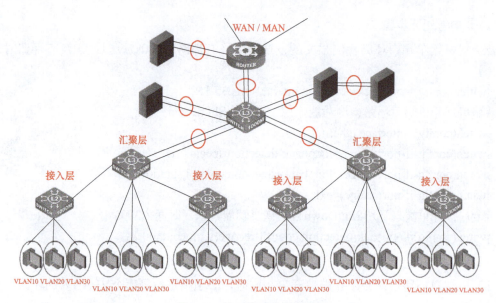

图3-20　端口聚合典型应用

端口聚合的优点如下：
- 增加网络带宽。
- 提高网络的可靠性。当主干网络以很高的速率连接时，一旦出现网络连接故障，后果是不堪设想的。高速服务器以及主干网络连接必须保证绝对的可靠。采用端口聚合，一旦某一端口失败，网络数据将自动重定向到那些好的连接上。该特性可以保证网络无间断地继续正常工作。

2．链路聚合的实现

聚合的技术实现可以使用两种方式：静态聚合和动态聚合。

（1）链路聚合的标准

目前，链路聚合技术的正式标准为IEEE 802.3ad，由IEEE 802委员会制定。标准中定义了链路聚合技术的目标、聚合子层内各模块的功能和操作的原则，以及链路聚合控制的内容等。

其中，聚合技术应实现的目标定义为必须能提高链路可用性、线性增加带宽、分担负载、实现自动配置、快速收敛、保证传输质量、对上层用户透明、向下兼容等。

（2）链路聚合控制协议

链路聚合控制协议（Link Aggregation Control Protocol，LACP）是IEEE 802.3ad标准的主要内容之一，定义了一种标准的聚合控制方式。聚合的双方设备通过协议交互聚合信息，根据双方的参数和状态，自动将匹配的链路聚合在一起收发数据。聚合形成后，交换设备维护聚合链路状态，当双方配置变化时，自动调整或解散聚合链路。

LACP报文中的聚合信息包括本设备的配置参数和聚合状态等。报文发送方式分为事件触发和周期发送。当聚合状态或配置变化事件发生时，本系统通过发送协议报文通知对端自身的变化。聚合链路稳定工作时，系统定时交换当前状态以维护链路。协议报文不携带序列号，因此双方不检测和重发丢失的协议报文。

需要指出的是，LACP并不等于链路聚合技术，而是IEEE 802.3ad提供的一种链路聚合控制方式，具体实现中也可采用其他的聚合控制方式。

以往的交换机链路聚合技术对设备具有很多的限制，如聚合组中所有端口的双工模式必须一致，聚合组中所有端口必须位于相同的交换芯片，聚合组中所有端口必须是前后连续的等。

（3）支持非连续端口聚合

与传统的聚合实现方式不同，目前的交换设备不要求同一聚合组的成员必须是设备上一组连续编号的端口。只要满足一定的聚合条件，任意数据端口都能聚合到一起。用户可以根据当前交换系统上可用端口的情况灵活地构建聚合链路。

3．聚合类型

目前有3种类型的聚合方式有手工聚合、静态聚合和动态聚合。

手工和静态聚合组通过用户命令创建或删除，组内成员也由用户指定。创建后，系统不能自动删除聚合组或改变聚合成员，但需要计算和选择组内成员的工作状态。聚合成员是否成为工作链路取决于其配置参数，并非所有成员都能参加数据转发。

手工和静态聚合主要是聚合控制方式不同。手工聚合链路上不启用LACP，不与对端系统交换配置信息，因此聚合控制只根据本系统的配置决定工作链路，对设备的CPU等资源的消耗比较少。这种聚合控制方式在较早的交换设备上比较多见。静态聚合组则不同，虽然聚合成员由用户指定，但交换机自动在静态链路上启动LACP。如果对端系统也启用了LACP，则双方设备就能交换聚合信息供聚合控制模块使用。

动态聚合控制完全遵循LACP，实现了IEEE 802.3ad标准中聚合链路自动配置的目标。用户只要为端口选择动态方式，系统就能自动将参数匹配的端口聚合到一起，设定其工作状态。在动态聚合方式下，系统互相发送LACP报文，交换状态信息以维护聚合。如果参数或状态发生变化，则链路会自动脱离原聚合组加入另一适合的组。

上述3种聚合方式为链路聚合系统提供了良好的聚合兼容性。系统不仅能与不支持链路聚合的设备互连，还能与各种不同聚合实现的设备配合使用。用户能根据实际网络环境灵活地选择聚合类型，获得高性能、高可用的链路。

Port Group 是配置层面上的一个物理端口组，配置到Port Group里面的物理端口才可以参加链路汇聚，并成为Port Channel里的某个成员端口。在逻辑上，Port Group并不是一个端口，而是一个端口序列。加入Port Group中的物理端口满足某种条件时进行端口汇聚，形成一个Port Channel，这个Port Channel具备了逻辑端口的属性，才真正成为一个独立的逻辑端口。端口汇聚是一种逻辑上的抽象过程，将一组具备相同属性的端口序列抽象成一个逻辑端口。Port Channel是一组物理端口的集合体，在逻辑上被当作一个物理端口。对用户来讲，完全可以将这个Port Channel当作一个端口使用，这样不仅能增加网络的带宽，还能提供链路的备份功能。端口汇聚功能通常在交换机连接路由器、主机或者其他交换机时使用。

图3-21中的交换机S1的1～4号端口汇聚成一个Port Channel，该Port Channel 的带宽为4个端口带宽的总和。而S1如果有流量要经过Port Channel传输到S2，则S1的Port Channel 将根据流量的源MAC 地址及目的MAC 地址的最低位进行流量分配运算，根据运算结果决定由Port Channel中的某一成员端口承担该流量。若Port Channel中的一个端口连接失败，原来应

该由该端口承担的流量将再次通过流量分配算法分配给其他连接正常的端口分担。流量分配算法由交换机的硬件决定。

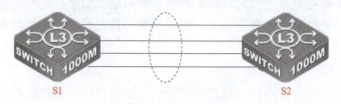

图3-21 端口聚合示意

神州数码交换机提供了两种配置端口汇聚的方法：手工生成Port Channel、LACP（Link Aggregation Control Protocol）动态生成Port Channel。只有双工模式为全双工模式的端口才能进行端口汇聚。

为使Port Channel 正常工作，本交换机Port Channel 的成员端口必须具备以下相同的属性：

- 端口均为全双工模式。
- 端口速率相同。
- 端口的类型必须一样，如同为以太口或同为光纤口。
- 端口同为Access 端口并且属于同一个VLAN或同为Trunk端口。
- 如果端口为Trunk 端口，则其Allowed VLAN和Native VLAN属性也应该相同。

当交换机通过手工方式配置Port Channel或LACP方式动态生成Port Channel时，系统将自动选举出Port Channel中端口号最小的端口作为Port Channel的主端口（MasterPort）。若交换机打开Spanning-tree功能，Spanning-tree视Port Channel为一个逻辑端口，并且由主端口发送BPDU帧。

另外，端口汇聚功能的实现与交换机所使用的硬件有密切关系，神州数码交换机支持任意两个交换机物理端口的汇聚，最大组数为6个，组内最多的端口数为8个。汇聚端口一旦汇聚成功就可以把它当成一个普通的端口使用，在交换机中还建立了汇聚接口配置模式，与VLAN和物理接口配置模式一样，用户能在汇聚接口配置模式下对汇聚端口进行相关的配置。

3.7 本章小结

- 介绍了STP消除环路的基本思想。
- 介绍了STP的基本概念。
- 介绍了STP的计算过程。
- 介绍了RSTP的拓扑快速收敛机制。
- 介绍了BPDU保护机制及配置。
- 介绍了TC保护机制及配置。

3.8 习题

(1) STP端口角色分为（　　）。

  A．根端口 B．指定端口 C．Backup端口 D．Alternate端口

(2) STP的不足之处有（　　）。

  A．STP不能确保环路的消除

  B．STP无法实现流量在VLAN间的负载分担

  C．STP收敛时间较长

  D．STP收敛机制不够灵活

(3) RSTP快速收敛机制包括（　　）。

  A．边缘端口机制

  B．根端口快速收敛机制

  C．指定端口快速收敛机制

  D．Backup端口快速收敛机制

(4) 处于同一MST域的交换机，具备（　　）相同的参数。

  A．域名   B．修订级别

  C．VLAN和实例的映射关系 D．交换机名称

(5) 关于MSTP，下列说法正确的是（　　）。

  A．MSTP基于实例计算出多棵生成树

  B．每个实例可以包含一个或者多个VLAN，每一个VLAN都只能映射一个实例

  C．实例间可以实现流量的负载分担

  D．MSTP在IEEE的802.1s标准中定义

第4章 多层交换机的路由实现

通过前面几章的学习得知，三层交换设备是用于将不同VLAN内的用户数据进行相互转发，并进一步以高速的转发效率替代路由器数据转发功能的设备，但是路由器运行软件用于实现数据报文的转发，当同一时刻有大量的用户数据流量时会占用路由器设备的CPU与内存资源，此时容易造成数据流量的转发瓶颈。而多层交换机可以根据ASIC芯片的硬件运算来实现数据流量的转发，大大提高了网络的整体性能。根据路由的原理可知，在不同网段之间转发数据时，中继设备可以是路由器，也可以是三层的交换机。其根本原因就在于这两种设备都可以作为网段的边界设备，并且进行寻址的设定，当设备已经生成了用以寻址的路由表项之后，来自不同网段的数据只要可以在路由表项中查找到对应的出口，就可以被成功地转发到指定的下一个中转设备进行后续的转发。

内容提要

多层交换设备能否进行正常的网段间寻址的路径转发，关键在于是否正确地进行了网段边界的设定以及路由表是否正确生成。本章将介绍如何使多层交换设备实现多网段间的相互通信。本章的学习目标如下：
> 了解多层交换机的功能。
> 理解划分VLAN后的直连网段之间数据传输的过程。
> 理解多层交换设备之间的静态路由和动态路由过程。
> 掌握多层交换机上SVI接口的原理与配置。

4.1 多层交换机功能概述

多层交换技术是传统二层交换技术与三层路由技术在单一产品中的简单结合。路由器一般只能传几千个包，使用三层交换，可以达到几百万个包传输。多层交换技术是个新概念，该术语在行业中还没有形成标准。

4.2 多层交换设备的直连网络

1. 多层交换设备的直连网络

在如图4-1所示的环境中，在一台具有24个端口的多层交换机中划分了3个VLAN，分别为10、20、30，并分别创建了3个VLAN接口与各个VLAN一一对应，且配置的IP地址分别为10.1.1.1、10.2.2.1、10.3.3.1。此时在交换机中就已经存在了3个直连的网段，其路由表如下。

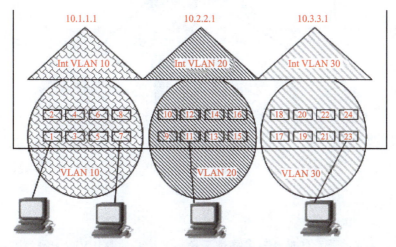

图4-1 多层交换机的物理和逻辑端口

```
DCRS-7604#show ip route
Total route items is 4, the matched route items is 4
Codes: C - connected, S - static, R - RIP derived, O - OSPF derived
       A - OSPF ASE, B - BGP derived, D - DVMRP derived
   Destination        Mask            Nexthop          Interface        Preference
C  10.1.1.0           255.255.255.0   0.0.0.0          Vlan10           0
C  10.2.2.0           255.255.255.0   0.0.0.0          Vlan20           0
C  10.3.3.0           255.255.255.0   0.0.0.0          Vlan30           0
DCRS-7604#
```

当其中的VLAN30中的设备断开连接后，其路由表更新如下。

```
DCRS-7604#show ip route
Total route items is 4, the matched route items is 4
Codes: C - connected, S - static, R - RIP derived, O - OSPF derived
       A - OSPF ASE, B - BGP derived, D - DVMRP derived
   Destination        Mask            Nexthop          Interface        Preference
C  10.1.1.0           255.255.255.0   0.0.0.0          Vlan10           0
C  10.2.2.0           255.255.255.0   0.0.0.0          Vlan20           0
DCRS-7604#
```

在图4-1所示的设备中，所有接口均为Access端口，没有承载多个VLAN，因此对各个VLAN接口与哪些端口对应比较清晰。但实际应用中通常采用的是接入层+汇聚层实现的VLAN划分，三层交换设备往往处于多个VLAN的汇聚层，如图4-2所示。

在这种环境下，对汇聚层的交换设备需要配置多个VLAN并且各个级联端口都需要进行Trunk的设置。

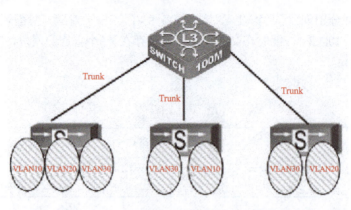

图4-2 三层交换机与多个VLAN的汇聚层连接

值得注意的是,这里并不需要对汇聚层交换机的具体VLAN添加端口,只是将级联端口设置为Trunk且要放行相应的业务VLAN通过。

在多层交换环境下,可以配置汇聚层设备转发不同网段的数据。如果需要启用三层功能,则在交换机中需要为每个VLAN创建其VLAN接口,配置合适的IP地址作为该VLAN中用户的默认网关,这样就可以完成不同VLAN之间的数据互传了。

2. 多层交换设备的直连网络配置

```
#创建VLAN并配置三层接口地址
switch(config)#interface vlan 10          //进入VLAN的三层接口
switch(config-If-Vlan10)#ip address 192.168.10.1 255.255.255.0
```

4.3 多层交换设备的静态路由

扫码看视频

1. 多层交换设备的静态路由配置方法

多层交换机中的静态路由配置方法与路由器中的一样,在管理员的监管下及网络拓扑明确的前提下进行整体的静态规划,其配置原则仍然是将本交换机的非直连网段的下一跳地址配置给交换机,这样当有数据需要由交换机转发给非直连网段时,交换机就可以匹配静态路由将数据传递给下一跳设备,再由下一跳设备进行后续的报文转发,直到转发到目的地或者有设备直接丢弃为止。

图4-3所示为企业网络典型方案的配置模型。在交换机上方通常可以连接路由器或防火墙接入广域网。在内网中,图4-3所示的环境是极为常见的。

根据内网VLAN的划分,为了保证数据流量的均衡,将VLAN30的接口创建在上方交换机上、VLAN10和VLAN20创建在左侧交换机中,而VLAN40及VLAN50则创建在右侧交换机中,内网不同VLAN之间的通信数据流将呈现如图4-4所示的形态。

第 4 章 多层交换机的路由实现

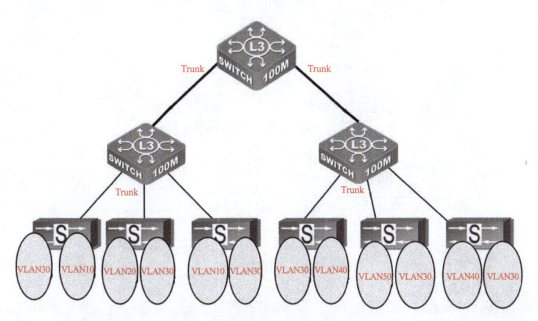

图4-3　企业网络典型方案的配置模型

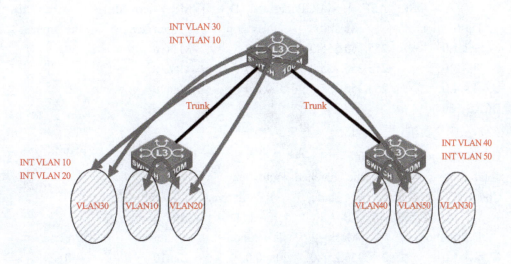

图4-4　内网不同VLAN之间的通信数据流

当VLAN10和VLAN20通信时，直接通过左侧交换机进行转发；当VLAN10、VLAN20和VLAN30通信时，通过VLAN10网段从上方交换机进行转发；而当VLAN30与VLAN40、VLAN50通信时，也是通过VLAN10网段从上方交换机转发给VLAN40网段中的右侧交换机，再由右侧交换转发给相应的设备。从右侧的VLAN30网段分别发送给VLAN10、VLAN20、VLAN40、VLAN50的过程同上。

使用逻辑地址将图4-4所示的网段进一步表示即可以理解为图4-5所示的拓扑图。

当各个交换机的VLAN接口刚刚创建完成，而没有添加必要的静态或动态路由配置项时，各个交换机的路由表将呈现如下所示的状态。

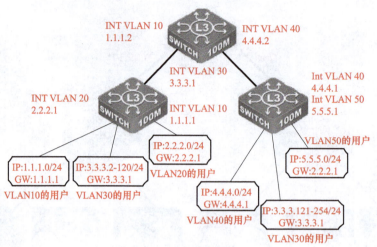

图4-5 逻辑拓扑图

（1）上游交换机

```
DCRS-7604#show ip route
Total route items is 4, the matched route items is 4
Codes: C - connected, S - static, R - RIP derived, O - OSPF derived
       A - OSPF ASE, B - BGP derived, D - DVMRP derived
   Destination        Mask            Nexthop       Interface       Preference
 C  1.1.1.0         255.255.255.0     0.0.0.0       vlan10          0
 C  3.3.3.0         255.255.255.0     0.0.0.0       vlan30          0
 C  4.4.4.0         255.255.255.0     0.0.0.0       vlan40          0
DCRS-7604#
```

（2）左侧交换机

```
DCRS-7604#show ip route
Total route items is 4, the matched route items is 4
Codes: C - connected, S - static, R - RIP derived, O - OSPF derived
       A - OSPF ASE, B - BGP derived, D - DVMRP derived
   Destination        Mask            Nexthop       Interface       Preference
 C  1.1.1.0         255.255.255.0     0.0.0.0       vlan10          0
 C  2.2.2.0         255.255.255.0     0.0.0.0       vlan20          0
DCRS-7604#
```

（3）右侧交换机

```
DCRS-7604#show ip route
Total route items is 4, the matched route items is 4
Codes: C - connected, S - static, R - RIP derived, O - OSPF derived
       A - OSPF ASE, B - BGP derived, D - DVMRP derived
   Destination        Mask            Nexthop       Interface       Preference
 C  4.4.4.0         255.255.255.0     0.0.0.0       vlan40          0
 C  5.5.5.0         255.255.255.0     0.0.0.0       vlan50          0
```

DCRS-7604#

此时可以看到，左侧交换机的直连网段被创建为1.1.1.0、2.2.2.0，虽然连接了VLAN30的用户，但是由于没有在其上创建VLAN30的接口，因此没有VLAN30的IP地址，也没有VLAN30的出口路由，而且当左侧交换机需要转发从它出发去往VLAN40和VLAN50网段的数据包时，也没有直接的路由，必须配置相关的静态路由。从图4-5可知，需要为左侧交换机配置如下所示的静态路由才能完成正常的数据包转发过程。

左侧交换机（config）#ip route 4.4.4.0 255.255.255.0 1.1.1.2
左侧交换机（config）#ip route 5.5.5.0 255.255.255.0 1.1.1.2

注意，这里没有配置交换机到VLAN30网段的路由，这是因为当数据从下游交换机将数据发送到VLAN30或其他网段时，VLAN30的数据包总是先发往其位于上游交换机的网关地址，对于这样的数据包，左侧交换机和右侧交换机会按照802.1q的方式直接从上游接口经二层发送给上游交换机的网关接口。

上面的静态路由告诉左侧交换机，当有需要去往4.4.4.0和5.5.5.0网段的数据时，应该先把它们发送给1.1.1.2这个地址，这个地址就是上游交换机的对应VLAN10的接口地址。

配置完成后，左侧交换机的路由表更新如下。

```
DCRS-7604#show ip route
Total route items is 4, the matched route items is 4
Codes: C - connected, S - static, R - RIP derived, O - OSPF derived
       A - OSPF ASE, B - BGP derived, D - DVMRP derived
   Destination        Mask            Nexthop        Interface       Preference
C  1.1.1.0            255.255.255.0   0.0.0.0        vlan10          0
C  2.2.2.0            255.255.255.0   0.0.0.0        vlan20          0
S  4.4.4.0            255.255.255.0   1.1.1.2        vlan10          1
S  5.5.5.0            255.255.255.0   1.1.1.2        vlan10          1
DCRS-7604#
```

值得注意的是，左侧交换机无须路由转发去往VLAN30的数据，当VLAN30的数据到来时，它只需要根据二层信息进行转发即可。当VLAN30的数据需要发送给其他网段时，它也只需要使用二层信息将数据发送给上游交换机的interface vlan 30即可。

同理，在右侧交换机中需要配置的静态路由如下所示。

右侧交换机（config）#ip route 1.1.1.0 255.255.255.0 4.4.4.2
右侧交换机（config）#ip route 2.2.2.0 255.255.255.0 4.4.4.2

配置后路由表的更新如下。

```
DCRS-7604#show ip route
Total route items is 4, the matched route items is 4
```

```
Codes: C - connected, S - static, R - RIP derived, O - OSPF derived
       A - OSPF ASE, B - BGP derived, D - DVMRP derived
   Destination        Mask            Nexthop         Interface       Preference
C  4.4.4.0            255.255.255.0   0.0.0.0         vlan40          0
C  5.5.5.0            255.255.255.0   0.0.0.0         vlan50          0
S  1.1.1.0            255.255.255.0   4.4.4.2         vlan40          1
S  2.2.2.0            255.255.255.0   4.4.4.2         vlan40          1
DCRS-7604#
```

对于上游交换机也需要进行类似的配置才能保证对各个VLAN网段的连通性。
上游交换机（config）#ip route 2.2.2.0 255.255.255.0 1.1.1.1
上游交换机（config）#ip route 5.5.5.0 255.255.255.0 4.4.4.1
配置完成后，上游交换机的路由表更新如下。

```
DCRS-7604#show ip route
Total route items is 4, the matched route items is 4
Codes: C - connected, S - static, R - RIP derived, O - OSPF derived
       A - OSPF ASE, B - BGP derived, D - DVMRP derived
   Destination        Mask            Nexthop         Interface       Preference
C  1.1.1.0            255.255.255.0   0.0.0.0         vlan10          0
C  3.3.3.0            255.255.255.0   0.0.0.0         vlan30          0
C  4.4.4.0            255.255.255.0   0.0.0.0         vlan40          0
S  2.2.2.0            255.255.255.0   1.1.1.1         vlan10          1
S  5.5.5.0            255.255.255.0   4.4.4.1         vlan40          1
DCRS-7604#
```

以上分析了多层交换机的数据转发过程，根据上面的物理拓扑，逻辑地址规划不同，也将得到不同的路由拓扑图。

2. 多层交换设备的静态路由配置

在多层交换机上配置路由协议（静态、动态）与路由器上基本一致，例如：
#添加一条静态路由
Switch(config)#ip route 1.1.1.0 255.255.255.0 2.1.1.1
#添加默认路由
Switch(config)#ip route 0.0.0.0 0.0.0.0 2.2.2.1

4.4 多层交换设备的动态路由

1. 多层交换设备的动态路由介绍

在多层交换设备中启动动态路由或静态路由，都是为了正确地转发数据服务。当一个网络环境中在多层交换设备或路由设备的某一网段接口连接的设备另一侧又连接了其他网段时，对于可路由设备来讲，就需要配置路由来完成必要的数据转发了。也就是说，当一个可路由设备有不直连网络存在时，就需要为它配置路由了。因为路由器或多层交换机在网络层实现的就是逻辑地址的寻址转发，所以对于非直连网络，需要通过匹配相应的路由条目进行转发。

第4章 多层交换机的路由实现

前面讨论了有关静态路由的配置和生成，在一个小型的网络环境中，上面的做法是非常高效的，但这种方法不仅耗费人力，而且在网络环境中一旦出现了故障，管理员若没有及时发现并做出快速响应，那么网络的正常路由转发过程将受到不同程度的影响。因为管理员配置的静态路由不能随着网络拓扑环境的改变而变化，如果可以允许多层交换设备之间动态地相互传递路由可达网段的信息，从而使其他多层交换设备可以得知本交换机的路由信息，就可以达到不需管理员手动设置而由设备之间自主学习以生成路由表项的目的了。这就是所谓的动态路由协议的作用。

动态路由协议的目标就是要使设备之间进行自主学习，无须人工干预，而最终生成稳定的路由表项供设备转发数据使用，同时允许在网络链路发生变化时进行动态的收敛，从而在新的网络链路环境中形成新的可行的路由转发表项，达到实时适应网络变化、正确转发数据的目的。

这里需要注意的是，动态路由协议运行的目的只是为了形成正确的路由表，而在用户数据的转发过程中并不使用动态路由协议。

根据使用的算法不同，动态路由协议通常被分为两大类：距离矢量和链路状态。

距离矢量路由选择是让每个路由器维护一张路由表，表中给出了每个目的地已知的最短路径。通过与相邻路由器交换信息来更新路由表信息，如图4-6所示。

在图4-6中，度量值使用了跳步数。在t0时刻，路由器A到路由器D刚刚启用RIP。此时，从A到D的4台路由器都仅仅知道其直接连接的网络的路由，这些路由的跳数均为0，并且没有下一跳路由器。在更新时刻到来时，这4台设备都会以广播的方式向各自的所有链路发送这些路由信息。

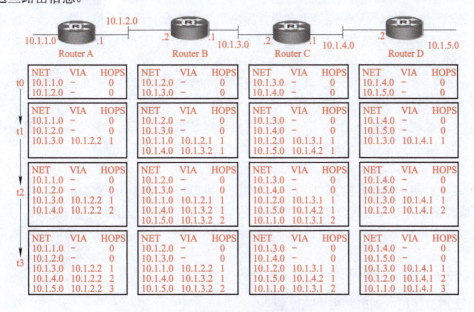

图4-6　距离矢量路由协议的路由更新过程

在t1时刻，每台设备都接收到了相邻设备的更新并进行了第一次的路由信息调整。对路由器A来讲，它接收到了来自B的更新报文，告知B有到达10.1.2.0和10.1.3.0网络的路由，A认为B的更新报文中到达10.1.3.0网络的路由是可以接受的。因为自己的路由表中没有到达10.1.3.0网络的路由，对于到达10.1.2.0网络的路由，A不会采纳的原因在于B发布的有关10.1.2.0网络的路由为A的直连路由，其优先级小于当前配置的路由协议的优先级，因此它认为应该保留现在的最佳路由。这样A将10.1.3.0的路由加入到自己的路由信息表中，同时将接收到的这条更新消息数据报文的源IP地址作为路由的下一跳记录下来。典型的距离矢量路由协议是RIP。

链路状态路由选择算法的思路如下。
➤ 测量它到邻居节点的开销。
➤ 组装一个分组以告之它刚知道的所有新消息。
➤ 将这个分组发送给所有建立邻接关系的路由器。
➤ 计算到每个路由器的最短路径。

事实上，完整的拓扑结构和所有的延时都已被测量并发布到各个路由器中。随后各路由器都可以用Dijkstra算法来找到最短路径，所以链路状态路由协议使用的算法一般也称为最短路径算法。

典型的链路状态路由协议是OSPF和IS-IS。

距离矢量路由协议和链接状态路由协议的主要区别如下。

距离矢量路由协议直接传送各自的路由表。各个路由器根据收到的路由表更新自己的路由表，每个路由器对整个网络拓扑并不了解。它们只知道邻近的情况。链接状态路由协议传送路由器之间的链路的连接状态，这样每个路由器都知道整个网络拓扑结构。路由根据最短路径算法得出。

距离矢量路由协议无论是实现还是管理都比较简单，但它的收敛速度慢，报文量大，每次更新周期到来时路由信息更新占用较多网络带宽开销，而且为避免路由环路必须做各种特殊处理。在RIP中为了避免路由环路，提出了路由毒化、水平分割、定义最大跳数、毒性逆转等防环措施。链接状态路由协议比较复杂，难管理，但是它收敛快、报文量少，占用较少网络开销，并且一般情况下不会出现路由环路。

不论是哪一类动态路由协议，其在可路由设备中的启动和配置过程均可以归纳为以下4步。

1）全局下启动动态路由协议。

2）在协议配置模式下配置网段，这些网段通常是负责向外发送和向内接收路由协议报文的端口对应的网络段，可以简单理解为连接有其他可路由设备的网段。

3）将直连终端而不存在路由设备的网段的直连路由引入到动态路由协议中。

4）在某些路由协议的配置中，需要在协议网段接口中启动协议对应的某些属性，对于某些厂商的设备，也可能需要在各个接口中再次明确启动接口上的路由协议进程。

通过以上操作即可在可路由设备中启动对应的动态路由协议，路由表项的生成完全不需要人工参与。

以4.3节的网络拓扑为例，进行动态路由协议的配置。

2. 上游交换机的动态路由协议配置

1）全局下启动动态路由协议的进程开关。

2）在协议配置模式下配置网段，这里需要为上游交换机配置VLAN 10、VLAN 40对应的 1.1.1.0 和 4.4.4.0 网段。

3）这里由于该设备直连了网络 VLAN 30，而 VLAN30 中并不存在其他的网络设备，因此不需要在第二步中增加直连网段，只需要将 VLAN 30 的直连网段引入到路由协议的进程中即可。

4）在 int vlan 10、int vlan 40 中分别使用对应命令协议 enable。

3. 左侧交换机的动态路由协议配置

1）全局下启动动态路由协议的进程开关。

2）在协议配置模式下配置网段，这里需要为左侧交换机配置 VLAN 10 对应的 1.1.1.0 网段。

3）由于该设备直连了网络 VLAN 20，而 VLAN 20 中并不存在其他的网络设备，因此不需要在第二步中增加直连网段，只需要将 VLAN 20 的直连网段引入到路由协议的进程中即可。

4）在 int vlan 10 中使用对应命令协议 enable。

4. 右侧交换机的动态路由协议配置

1）全局下启动动态路由协议的进程开关。

2）在协议配置模式下配置网段，这里需要为右侧交换机配置 VLAN 40 对应的 4.4.4.0 网段。

3）由于该设备直连了网络 VLAN 50，而 VLAN 50 中并不存在其他的网络设备，因此不需要在第二步中增加直连网段，只需要将 VLAN 50 的直连网段引入到路由协议的进程中即可。

4）在 int vlan 40 中使用对应命令协议 enable。

这里需要注意的是，由于使用的动态路由协议的种类不同，在路由表中每个路由表项对应的度量值会有很大的差异，因此这里使用 RIP 进行介绍，其度量值使用跳数计算，这样比较直观。

使用动态路由协议时，当某设备的动态路由协议进程尚未启用时，整个网络的路由表将不会完整，这是因为这台路由设备所得知的路由信息将不会发送给其他设备，它所直连的网段将无法让其他设备学习到。

当所有设备都启动了动态路由协议之后，就可以看到各自的路由表更新后的状态。

（1）上游交换机

```
DCRS-7604#show ip route
Total route items is 4, the matched route items is 4
Codes: C - connected, S - static, R - RIP derived, O - OSPF derived
       A - OSPF ASE, B - BGP derived, D - DVMRP derived
     Destination        Mask            Nexthop         Interface       Preference
  C  1.1.1.0        255.255.255.0    0.0.0.0            vlan10          0
  C  3.3.3.0        255.255.255.0    0.0.0.0            vlan30          0
  C  4.4.4.0        255.255.255.0    0.0.0.0            vlan40          0
  R  2.2.2.0        255.255.255.0    1.1.1.1            vlan10          120
  R  5.5.5.0        255.255.255.0    4.4.4.1            vlan40          120
DCRS-7604#
```

（2）左侧交换机

```
DCRS-7604#show ip route
Total route items is 4, the matched route items is 4
Codes: C - connected, S - static, R - RIP derived, O - OSPF derived
       A - OSPF ASE, B - BGP derived, D - DVMRP derived
   Destination      Mask            Nexthop       Interface      Preference
C  1.1.1.0          255.255.255.0   0.0.0.0       vlan10         0
C  2.2.2.0          255.255.255.0   0.0.0.0       vlan20         0
C  3.3.3.0          255.255.255.0   1.1.1.2       vlan10         120
R  4.4.4.0          255.255.255.0   1.1.1.2       vlan10         120
R  5.5.5.0          255.255.255.0   1.1.1.2       vlan10         120
DCRS-7604#
```

（3）右侧交换机

```
DCRS-7604#show ip route
Total route items is 4, the matched route items is 4
Codes: C - connected, S - static, R - RIP derived, O - OSPF derived
       A - OSPF ASE, B - BGP derived, D - DVMRP derived
   Destination      Mask            Nexthop       Interface      Preference
C  4.4.4.0          255.255.255.0   0.0.0.0       vlan40         0
C  5.5.5.0          255.255.255.0   0.0.0.0       vlan50         0
R  1.1.1.0          255.255.255.0   4.4.4.2       vlan40         120
R  2.2.2.0          255.255.255.0   4.4.4.2       vlan40         120
R  3.3.3.0          255.255.255.0   4.4.4.2       vlan40         120
DCRS-7604#
```

注意，这里由于将VLAN30接口创建在上游交换机中，在左侧和右侧交换机需要从其他VLAN向VLAN30发送数据时，都将数据先发送给上游交换机，根据方向再转发给左侧或右侧的交换机。虽然看起来比较复杂，但如果将VLAN30的接口设置在下游的左侧或右侧交换机中必然会导致另一个方向的不平衡，这都是网络设计和规划中不希望看到的。

4.5　VLAN间路由

网络拓扑通常会将单独的网络或子网与VLAN建立关联。不过，不同VLAN中的网络设备在没有三层交换机或路由器来转发VLAN间流量的情况下是不能进行通信的。起初，VLAN最佳的设计方案建议管理员让每个VLAN关联一个不同的子网，因此就需要通过VlAN间路由技术传递VLAN间的流量。

在分布层或折叠核心层的交换机几乎都会有多个VLAN与其相连。有多个VLAN的交换机需要通过传输三层流量来让这些VLAN间进行通信。

如果一个交换机支持多个VLAN，但是这台交换机没有三层功能可以为这些VLAN之间的数据包进行路由，那么这台交换机就必须连接到一台外部设备来实现这个功能。这台设备通常是一台路由器，也可以是一台多层交换机。这种设置不是一种高性能的解决方案，容易受到链路带宽的限制以及单条链路稳定性不高的影响。它只需要在交换机和路由器之间存在一条Trunk链路VLAN之间在二层是分隔开的，如果要实现VLAN之间的通信，则必须借助到三层路由功能。

支持VLAN间路由的设备有以下两个：
1）任意的三层交换机。
2）支持以太口能配置子接口的路由器。

1．单臂路由

通过使用路由器完成VLAN之间的路由，路由器上要配置子接口，并且要和交换机之间形成Trunk。单臂路由案例如图4-7所示。

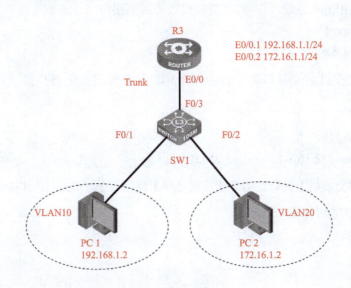

图4-7　单臂路由案例

【参考配置】

路由器上的配置：
interface Ethernet0/0
　no shut
　no ip address

interface Ethernet0/0.1
　encapsulation dot1Q 10　　　这个10是VLAN-ID，表示接收vlan 10的数据帧
　ip address 192.168.1.1 255.255.255.0

interface Ethernet0/0.2
  encapsulation dot1Q 20   同上
  ip address 172.16.1.1 255.255.255.0
交换机的Trunk接口配置：
interface f0/3
  switchport trunk encapsulation dot1q
  switchport mode trunk
  switchport trunk allowed vlan 10,20

2．三层交换机接口

三层交换机支持以下不同类型的三层接口。
1）路由接口。
2）SVI。
路由接口类似于路由器上的三层接口，是一个真正的物理接口。
默认情况下，在三层交换机上，所有接口都是二层接口，可用以下命令改为三层接口。

interface FastEthernet0/1   将二层接口改为三层接口
  no switchport
  ip address 8.8.9.7 255.255.255.0

SVI接口（交换机虚拟接口）是针对每个VLAN生成的一个虚拟接口，可以配上IP地址，运行路由协议。
创建方法如下。

interface vlan 10
  ip address 172.16.1.1 255.255.255.0

如果想在三层交换机上开启路由功能，则必须先使用命令ip routing，才能运行路由协议。

VLAN间路由案例如图4-8所示。

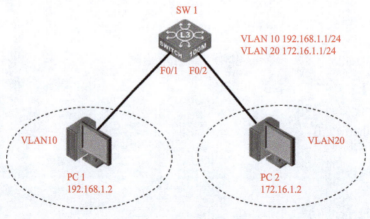

图4-8 VLAN间路由案例

交换机配置：
  ip routing   开启路由功能

```
interface vlan 10        配置SVI接口
  ip address 192.168.1.1 255.255.255.0
interface vlan 20
  ip address 172.16.1.1 255.255.255.0
```

4.6 本章小结

- 二层交换机和路由器在功能上的集成产生了三层交换机。
- 了解如何使用路由器实现VLAN间的相互通信。
- 了解如何使用三层交换机实现VALN间的相互通信。
- 交换机的路由协议配置和路由器一样。

4.7 习题

（1）三层交换机代理路由器实现VLAN间路由的原因包括（　　）。

　　A．路由器采用"单臂路由"方式进行VLAN间路由时，数据在Trunk链路上往返发送造成了一定的延迟

　　B．路由器的价格比交换机高，使用路由器提高了局域网的部署成本

　　C．大部分中低端路由器采用软件转发，转发性能不高，容易在网络中造成性能瓶颈

　　D．三层交换机采用从硬件实现的三层路由转发引擎，速度高，吞吐量大，而且避免了外部物理连接带来的延迟和不稳定性

（2）三层交换机整个处理流程包括（　　）。

　　A．路由协议部分

　　B．平台软件协议栈部分

　　C．硬件处理流程

　　D．驱动代码部分

（3）最长匹配三层交换机硬件处理部分主要包括（　　）。

　　A．二层MAC地址表

　　B．L3 Table

　　C．ARP表

　　D．DEF_IP表

（4）交换机收到数据帧后，先检查（　　）。

　　A．数据帧的VLAN属性

　　B．数据帧的目的MAC地址

　　C．数据帧的源MAC地址

　　D．数据帧的目的IP地址

第5章 多层交换设备实现

内容提要

本章主要介绍第4章的理论内容在多层交换设备中的实现过程,对二层交换设备关键结构和表项进行分析,在深入理解交换设备通用结构的基础上,深入讲解多层交换设备的硬件和软件结构,以及多层交换设备各表项的具体字段信息。本章的学习目标如下:

➢ 理解二层交换设备的交换原理。
➢ 理解二层数据的处理流程。
➢ 理解三层交换设备的交换原理。
➢ 深入理解三层数据在三层设备中的处理流程。

5.1 多层交换设备的分类

按照现有的网络设备分类,多层交换的设备分为以下两大类。

1)非模块化的多层交换机:单板的多层交换设备,为非机箱模式的设备,如DCRS-5526S。这种设备配置固定,灵活性低,端口密度小,成本低。

2)模块化的多层交换机:由机箱和模块组成的多层交换设备,模块化设计,管理单元和业务单元的配置灵活,通过板卡设计来满足用户的需求,板间交换有相应的技术来处理,以保证整个交换机的性能。

5.2 二层交换设备的交换原理

扫码看视频

1. 二层交换设备的硬件结构

在学习多层交换设备之前,先来看一下二层交换设备的数据转发的原理。二层的数据转发原理和流程是所有交换内容的基础,在前面已经学习了二层设备的设计原理,也了解了二层的设备为什么能够建立、维护和释放数据链路。下面学习二层设备的硬件体系架构。

如图5-1所示,二层交换机硬件一般由以下几个主要部分组成。

1)**交换芯片ASIC**:存放各种寄存器、交换表,如端口状态、单播表、组播表、VLAN表等,控制交换机进行数据的接收、维护和转发,由硬件组成,是整个交换机的核心。

2)**CPU**:交换机的处理器,用于处理用户指令、协议运行等。

3)**PHY**:控制交换机的数据比特流和电气设备信号的协商、转换。

4）**SDRAM**：交换机内存，用于系统软件的运行和配置序列的存放，如交换机的ARL软件表、show命令时显示的信息。

5）**FlashROM**：闪存，用于保存系统文件和配置文件。

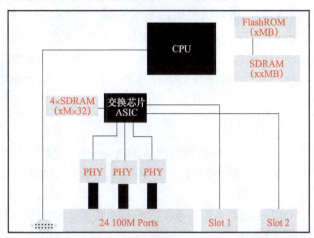

图5-1　二层交换机硬件结构图（DCS-3726）

2．二层交换设备的软件结构

任何一个网络设备都可以把它看成一个具有专业的操作系统的终端，所有的功能都是由硬件来完成的，但是协调工作和协议计算是由软件来完成的。下面介绍二层交换机的软件架构。

如图5-2所示，二层交换机软件一般由以下几个主要部分组成。

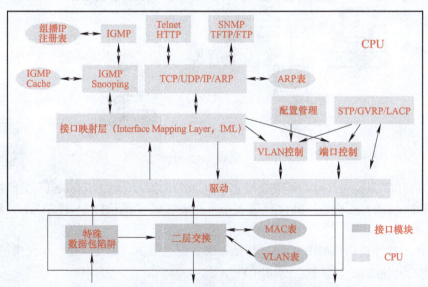

图5-2　二层交换机软件结构图

1）**接口模块**：特殊数据包陷阱（Special Packet Trap）。当交换机接收到数据时，首先判断其是否为特殊数据包，如果是，则直接发送给CPU处理。特殊数据包包括ARP请求、STP、IGMP Report、Leave等。

2）二层交换：当交换机接收到数据时，首先判断其是否为特殊数据包，如果不是则发送给交换机芯片处理，交换机芯片会根据MAC表和VLAN表对该数据包进行处理。如果二层表中没有该数据包的信息，则发送给CPU处理。

3）CPU包含模块：驱动，接口映射层，二层协议（IGMP Snooping、STP、GVRP、LACP），管理模块（Telnet、HTTP、SNMP、TFTP、FTP、配置管理）。

从图5-2可以看出，交换机本身不仅具有交换的能力，还具有很多的其他功能，如配置管理，远程Telnet的配置和管理，通过TFTP对交换机进行版本升级和配置的更改，组播组的建立和维护等。

3．二层交换设备的关键表项

二层交换机能够完整地建立、维护和释放数据链路，所有的基础都是建立在一张MAC地址表（MAC Table）之上的。通过建立和维护MAC地址表，交换机才能够转发数据。下面介绍一下MAC地址表建立的过程。

如图5-3所示，以PC1发ping包给PC3为例，观察交换机的MAC Table的建立过程（在交换机未划分VLAN的情况下）。

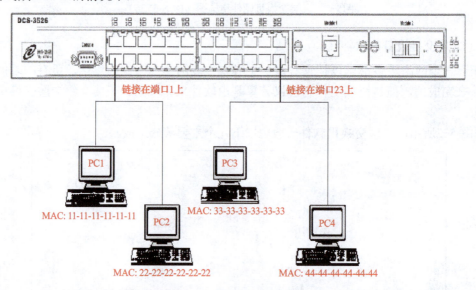

图5-3　MAC Table的建立

1）PC1向PC3发ping包时，首先会发出带PC3的IP地址的ARP Request，交换机接口1接收到该ARP Request，交换机的MAC地址表中就会增加MAC地址11-11-11-11-11-11和端口1映射表项。

2）交换机芯片检查该ARP Request不是特殊数据包陷阱，而是广播包，交换机将该数据包转发给所有其他端口（同时也上传给CPU）。

3）图5-3中PC2～PC4都接收到PC1发出的ARP Request，只有PC3会给PC1回应ARP Reply，交换机接口23接收到该ARP Reply就在其MAC地址表中增加MAC地址33-33-33-33-33-33和端口23映射表项。

4）交换机检查该ARP Reply不是特殊数据包陷阱，目的MAC地址为11-11-11-11-11-11，且MAC地址表中有该目的MAC的表项，因此交换机芯片直接将该数据包送到接口1发出。

5）经过上述过程，PC1和PC3之间也建立起了相应的ARP表项，交换机转发PC1给PC3的ping包时，只会在接口1和接口23之间转发，其他接口不会接收到PC1和PC3的ping数据。

在交换机没有建立交换MAC地址表之前，交换机的处理原理和集线器没有很大的区别，只有在建立了交换MAC地址表以后，交换机才知道把数据在那些端口之间转发，这样就形成了交换。

4. 二层数据的处理流程

在以太网当中，根据数据的目的地址的不同，可以把二层的数据分为以下3类。

1）目的地址（Destination MAC）是单播，可以分为MAC地址表中存在和不存在。

2）目的地址（Destination MAC）是组播，可以分为普通组播帧和协议帧。

3）目的地址（Destination MAC）是广播只有一种情况：普通广播帧。

下面来介绍交换机的二层数据处理流程。

（1）二层单播帧的数据转发流程

如图5-4所示，黑色的箭头是二层单播帧的数据转发流程。

1）检查硬件MAC地址表（MAC Table）。

2）根据MAC地址表（MAC Table）中是否存在目的地址（Destination MAC）而决定是转发还是广播，在MAC地址表（MAC Table）中存在的直接从相应接口转发出去，不存在的则在相应VLAN内广播。

3）同时已知的源地址（Source MAC）进入MAC地址表（MAC Table）。

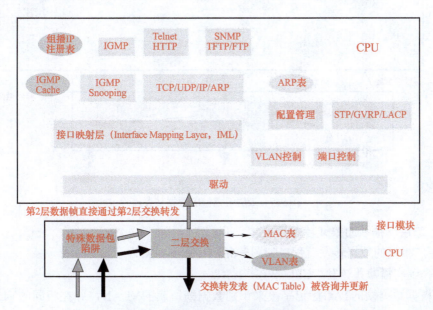

图5-4　二层单播帧的数据转发流程

二层单播帧的转发完全不需要交换机的软件和CPU干预，可通过交换芯片（ASIC）直接快速完成；在整个二层单播帧的数据转发流程的过程中，只有MAC地址表（MAC Table）被查询和更改。

在步骤1)和步骤2)的过程中,交换机有3种交换的原理可以选用:存储转发、直通和碎片隔离方式。

步骤3)是后续操作的基础工作,也是交换机的核心工作。

(2) 二层组播帧的数据转发流程

二层组播帧的数据转发流程,如图5-5所示。

1) 黑色箭头表示在组播表中存在的组播包处理。如果找到一个组播MAC项,则提取该项获得各个成员端口,在这些成员端口发送组播帧。

2) 灰色边框箭头表示组播表中不存在的组播包处理;如果没有找到,则咨询VLAN表并决定广播数据包到VLAN的每个端口。

3) 白色边框箭头表示组播帧为协议帧,从接口获取后直接发送给驱动,并由驱动发送到相应模块进行处理,第二层协议模块可能作为协议的操作结果发送给协议帧。

组播表是交换机能处理组播数据的基础,每个交换芯片都会维护一个或者多个组播表。组播表的建立和维护需要CPU的软件协议模块来完成。

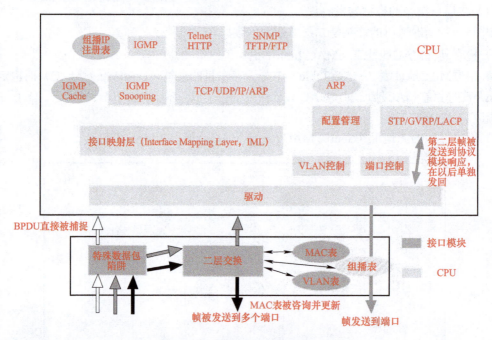

图5-5 二层组播帧的数据转发流程

(3) 二层广播帧的数据转发流程

二层广播帧的数据转发流程,如图5-6所示。

1) 收到广播帧并转发给CPU。

2) 根据数据帧的TAG标记字段来识别数据帧所属的VLAN,并在相同的VLAN内进行广播。

3) 同时将已知的源地址(SMAC)放进MAC地址表(MAC Table)。

通过对三大类二层数据的转发流程的学习,可掌握二层交换机的硬件结构和软件结构,并且掌握二层数据的转发方法。下面继续分析三层交换的原理和转发流程。

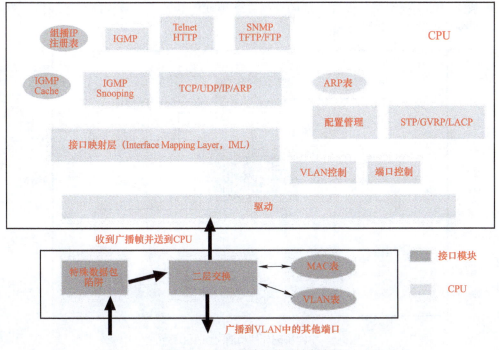

图5-6 二层广播帧的数据转发流程

5.3 多层交换设备的交换原理

扫码看视频

1. 多层交换设备的硬件结构

多层交换机分为模块化交换机和非模块化交换机两大类。

（1）非模块化多层交换设备的硬件结构

如图5-7所示，和二层交换机硬件结构基本相同，非模块化多层交换设备的硬件结构只是交换机芯片ASIC是三层芯片，且内存有所增加。

1）**交换芯片ASIC**：存放各种寄存器、交换表，如端口状态、单播表、组播表、VLAN表等，控制交换机进行数据的接收、维护和转发，由硬件组成，是整个交换机的核心。

2）**CPU**：交换机的处理器，用于处理用户指令、协议运行等。

3）**PHY**：控制交换机的数据比特流和电气设备信号的协商、转换。

4）**SDRAM**：交换机内存，用于系统软件的运行和配置序列的存放，如交换机的ARL软件表、show命令时显示的信息。

5）**FlashROM**：闪存，用于保存系统文件和配置文件。

（2）模块化交换机的硬件结构

模块化交换机的体系架构比较复杂，一般分为业务板架构、管理板架构和交换矩阵架构3部分，有些模块化交换机管理板架构和业务板架构基本相同。

如图5-8所示，和前面的产品的硬件架构差异较大，交换芯片（ASIC）的功能更加强大，不仅支持二层、三层的数据的转发，还具有四层以上的数据分析、识别和转发能力，还具有TCAM指针来简化数据交换过程的大量的表项的查询工作，并且在每一个模块上面有自己单独的局部交换引擎来保证本地的交换在本地就能够完成，减少核心管理模块的交换压力，减少交换矩阵的数据流量。

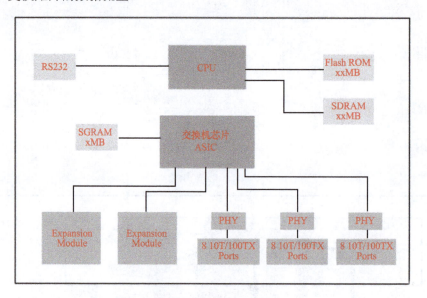

图5-7 交换机硬件结构图（DCRS-5526）

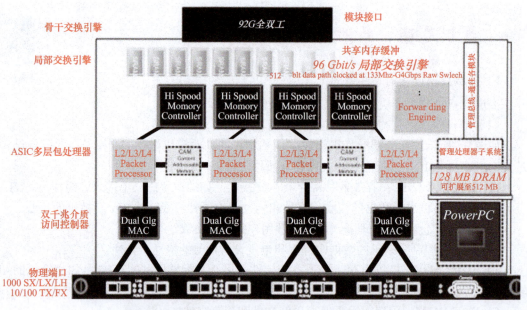

图5-8 MRS-7500-M8GL 硬件结构（DCRS-7500）

（3）模块化交换机的交换结构

现在所使用的交换机在交换结构和方法的发展历程上有过以下3个阶段。

1）计算机内存交换，如图5-9所示。

这种方式目前还能见到的产品主要是各种中低端的路由器产品。它的数据交换完全依靠CPU的软件实现，处理瓶颈主要在接口总线（I/O Bus）性能和软件效率上。

2）共享总线式交换，如图5-10所示。

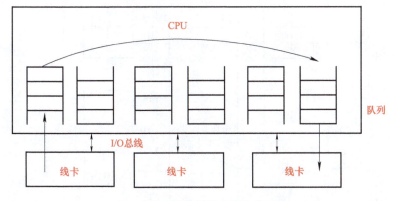

图5-9　计算机内存交换

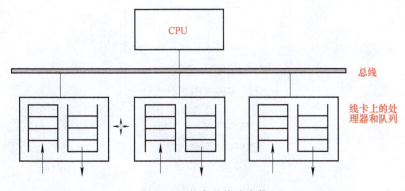

图5-10　共享总线式交换

这种方式目前还能见到的产品主要是各种基于计算机的接入服务器和代理服务器产品。它的数据交换是在CPU的调度和控制下，由接口卡彼此交互完成，其处理瓶颈主要在共享总线的带宽上。

3）矩阵式交换，如图5-11所示。

目前，绝大多数高端交换机产品都采用这种交换方式，Crosspoint 和Crossbar 交换结构都属于这种方式。其中交换矩阵的内部原理，如图5-12所示。

每一条输入线路与每一条输出线路都有一个交叉点。在交叉点处由一个半导体开关连接输入线路与输出线路。当来自某个接口的输入线路需要交换到另一个接口的输出点时，在CPU或交换矩阵控制器的控制下，将交叉点的开关连接，数据就发送到另一个接口。

这种交叉矩阵一般由大规模集成电路实现。

（4）模块化交换机交换结构——Crossbar

Crossbar方式完全依赖交换矩阵方式和芯片的实现方式，其存在以下两种情况。

1）单Crossbar芯片方式（见图5-13）：依赖单颗芯片实现的交叉矩阵，其限制在于接口规模数量，目前市场上规模销售的交换机所使用的Crossbar芯片多为8口、12口，单口带宽为2Gbit/s到4Gbit/s（也就是交换能力为16Gbit/s到48Gbit/s）。芯片厂商现在已经开发出单端口60Gbit/s的Crossbar芯片，相信不久就会进入市场。单Crossbar芯片数据转发方式如图5-14所示。

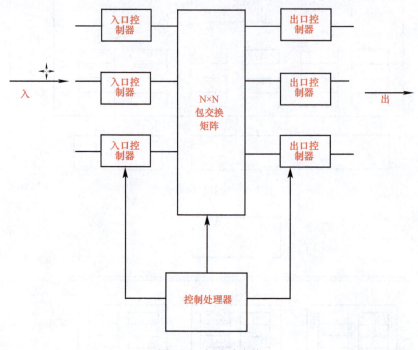

图5-11 矩阵式交换

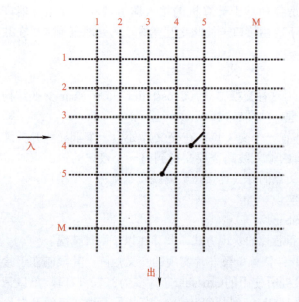

图5-12 交换矩阵的内部原理

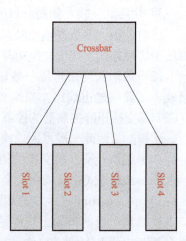

图5-13 单Crossbar芯片方式

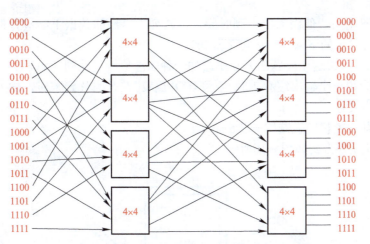

图5-14 单Crossbar芯片数据转发方式

2）**多Crossbar**芯片方式：由于单Crossbar芯片端口规模数量受限，因此希望扩大交换机端口数的交换机厂商就用多颗Crossbar芯片搭出完整的交换矩阵。这种方式有两种做法：一种是为了节省成本，在牺牲交换能力的前提下，采用不完全的交换矩阵方式进行交换，造成性能下降；另一种是为了提升性能采用完全多级交换方式，使交换的性能和端口规模数量都得到很大的提升，但成本随之增高。

多级交换方式如图5-15所示。

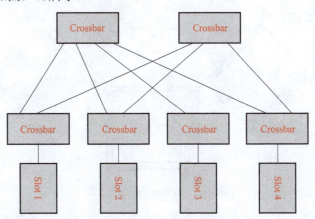

图5-15 多级交换方式

不完全多级交换在没有使用太多的Crossbar芯片的情况下，扩大了端口数量，但它带来了性能上的问题——阻塞和阻塞控制。它使得交换机在各种情况下的表现不平衡（不稳定），一些测试情况下性能表现很好，另一些情况下表现就很差。

完全的多极交换在用了大量的Crossbar芯片的情况下，不仅扩大了端口数量，还保证了整个设备的交换性能。

基于Crossbar结构的另一个问题就是线头阻塞（Head of Link Blocking，HOL）。为了防止输入的信元丢失，所以输入的信元必须等待交换，这时它阻塞了后面信元的处理，即使后面的信元已可以交换，这种现象称为线头阻塞。这种现象是由于FIFO（先进先出）队列机制造成的，FIFO首先处理的是在队列中最靠前的数据，而这时队列后面的数据对应的出口缓存可能已空闲，但因为得不到时间片，队列中靠后的数据不能被背板交换出去，造成整个交换机吞吐量的下降（一般可下降40%）。

在Crossbar上解决这个问题的方法是增加一种叫虚拟输出队列（VOQ）的机制，即在输入缓存队列中为每一个输出缓存单独执行FIFO机制。在时间片到来时，输入缓存中的数据可直接进入输出缓存。

（5）模块化交换机交换结构－Crosspoint

Crosspoint 交换方式如图5-16所示。

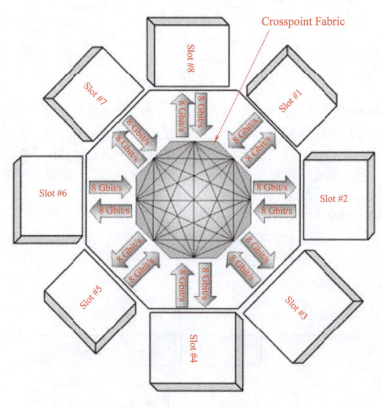

图5-16 Crosspoint交换方式

Crosspoint在每个输入和输出之间建立"全网状"连接，这样各个端口之间可以"同时"进行交换，各个端口之间不会相互影响，因此不会出现阻塞，也不会出现HOL。对于广播、组播的处理也能很好地适应。Crosspoint的另一个优势在于交换冗余（交换备份）。但是由于建立的是全网状连接，因此本身的成本很难降低。

2. 多层交换设备的软件结构

多层交换机的软件结构如图5-17所示。

首先交换机芯片中增加了三层转发表、硬件路由表；当接收到的三层数据包满足IP转发表或者硬件路由表中的某表项时，可直接由交换机芯片转发出去，而不再必须经过交换机的CPU完成三层转发，大大提高了三层数据包的转发效率。

在CPU的模块中也增加了有关路由的模块，如RIP和OSPF等；组播部分增加了DVMRP等。

第 5 章　多层交换设备实现

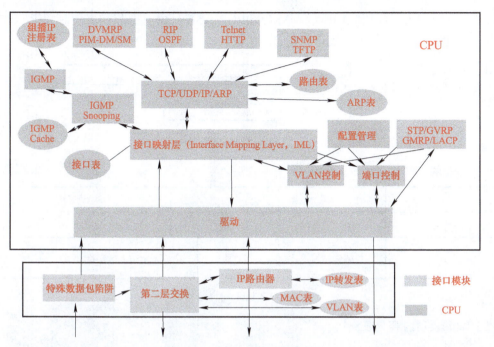

图5-17　多层交换机的软件结构

3. 多层交换设备的相关表项

多层交换设备的相关表项由以下几部分组成：

（1）FDB（Forwarding Data Base）表

多层交换的FDB表是一个增强的（MAC地址表）。FDB表结构如图5-18所示。

MAC地址	VLAN ID	端口
L3端口标志	CPU	DROP

图5-18　FDB表结构

从图5-18可以看出FDB表比二层交换设备上的MAC地址表多了几个选项：L3端口标志、CPU、DROP。由于在多层交换的网络中有一些特殊的MAC地址（网关的MAC地址），在L3端口标志位置1，普通的MAC地址会在L3端口标志位置0，这样就可以根据目的MAC区分出数据是二层处理还是需要三层处理。

> FDB表的建立过程可以参考二层交换机的MAC地址表的建立过程。这里需要注意的是，当三层交换机创建VLAN端口时，在FDB表中就增加了相对应的表项，其L3端口位标志为1。

（2）转发表（L3 Table、ARP表）

IP转发表是整个多层交换的核心，又称为主机路由表。它决定了多层交换的数据如何处理。它由两个表项组成，一个是存储在软件的RAM中的ARP表，另一个是存储在芯片本身自带RAM中的L3表，如图5-19所示。ARP表由CPU维护，并且会和L3表随时同步，以保证所有的数据的转发处理都由交换芯片完成，保证快速。

图5-19 IP转发表构成

L3 Table的详细格式如图5-20所示。

IP地址	IP地址	IP地址	IP地址			
MAC地址	MAC地址	MAC地址	MAC地址			
MAC地址	MAC地址	端口号	l3接口号	hit	保留	d_hit	保留

图5-20 L3 Table的详细格式

L3 Table表项内容见表5-1。

表5-1 L3 Table表项内容

位	域	描述
0~31	IP_ADDR	4B的**IP**地址，是L3 Table的索引
32~79	MAC_ADDR	6B的**MAC**地址，即下一跳MAC（目的主机MAC）
80~85	PORT	数据包的端口号
86~90	INTF	三层路由接口号，用于从L3INTF表中获取路由接口MAC
91	HIT	当源**IP**地址在**L3 Table**超时时间内又进行了转发时，该**IP**地址的老化时间将复位
92~93	RESERVED	保留
94	D_HIT	当目的**IP**地址在**L3 Table**超时时间内又进行了转发时，该**IP**地址的老化时间将复位
95~127	RESERVED	保留

IP转发表是整个多层交换的核心，它决定了需要多层交换的数据如何处理，所有的要被执行三层处理的数据都会在IP转发表中匹配。

如图5-21所示，以PC1发ping包给PC2为例，观察交换机的IP转发表的建立过程：

1）PC1首先向网关发出目的IP为10.1.1.1的ARP Request包。

2）交换机接收到该ARP Request是对Interface VLAN1的地址的，就将Interface VLAN1的MAC地址通过ARP Reply发送给PC1，同时也建立了MAC地址为11-11-11-11-11-11的MAC表项和10.1.1.2的ARP表项。FDB表和ARP表如图5-22所示。

3）PC1将目的地址为10.1.2.2的Ping数据包都发送给网关接口。

4）交换机接收到Ping包后，因为查询FDB表的结果是L3位置1的表项命中，就将ping包送给CPU处理，CPU检查到网段10.1.2.0的下一跳是Interface VLAN 2（交换机的直连路由表），就决定从Interface VLAN 2转发出Ping包。

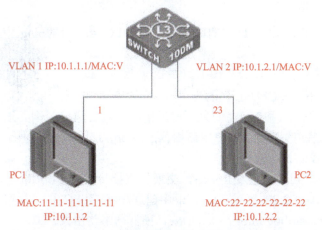

图5-21 IP转发表的建立

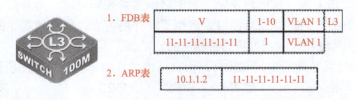

图5-22 FDB表和ARP表

5）因为交换机目前不知道IP地址为10.1.2.2（ping包的目的IP地址）的PC2的MAC地址，因此在转发ping包之前，首先会发出ARP Request请求PC2的MAC地址。

6）PC2接收到交换机ARP Request，回应ARP Reply，同时建立10.1.2.1的ARP表项。

7）交换机接收到PC2的ARP Reply，建立了MAC地址为22-22-22-22-22-22的MAC表项及10.1.2.2的ARP表项，并且将ping包从23号接口转发给PC2；在交换机通过CPU转发ping包的同时，CPU还会从ping包中取出目的IP地址、ARP表项中取出相应MAC地址、MAC表中取出相应MAC地址的接口号、路由表中取出下一跳对应的INTF接口号写到交换机芯片的L3 Table中，如图5-23所示。

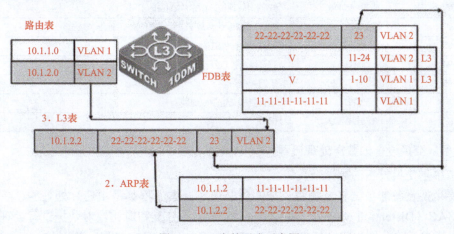

图5-23 L3表的形成示意图

完成上述操作后，目的地址为10.1.2.2的数据包将不用经过交换机的CPU转发，而直接从交换机的芯片转发。

1）交换机建立目的地址为10.1.1.2的L3表项过程由PC2给PC1的ping回应数据包启动，流程与10.1.2.2相同。

2）当交换机芯片中建立10.1.1.2和10.1.2.2的L3表项时，PC1和PC3之间的数据转发就直接由交换芯片完成，而不需要CPU处理了。

如果是L2交换机，则PC1和PC3之间是不能通信的。若要通信，则必须使用Router，建立VLAN 1和VLAN 2之间的路由。如使用路由器的Inter-VLAN功能，由路由器转发PC1和PC3之间的流量，效率较低。

现在有了L3交换机，可以不使用Router，交换机直接转发PC1和PC3之间的流量，并且一旦目的IP为10.1.1.2和10.1.2.2的表项在L3 table中建立，PC1和PC3的流量可达到线速。

（3）FIB Table（Forwarding Information Base，硬件网络路由表）

每一个多层交换的设备都必须维护一张路由表，软件路由表是存储在设备RAM中的，主要由设备的本地路由信息和由协议学习到的路由信息共同组成，为今后的路径查找提供依据。一旦交换机的静态路由或路由协议启用了软件路由表，而且使用了某些表项进行了数据的转发之后，其硬件路由表也将具备相应的表项。

FIB表存储在交换芯片当中，和软件路由表同步，目的是为了加快三层报文线速转发的表项。FIB Table如图5-24所示。FIB Table表项内容见表5-2。

31 30 29 28 27 26 25 24	23 22 21 20 19 18 17 16	15 14 13 12 11 10 9 8	7 6 5 4 3 2 1 0
SUB_ADDR (Byte3)	SUB_ADDR (Byte2)	SUB_ADDR (Byte1)	SUB_ADDR (Byte0)
MAC_ADDR (Byte3)	MAC_ADDR (Byte2)	MAC_ADDR (Byte1)	MAC_ADDR (Byte0)
SUBNET_LEN	INTF	PORT	MAC_ADDR (Byte5)	MAC_ADDR (Byte4)
RESERVED				CPU

图5-24 FIB Table

表5-2 FIB Table表项内容

位	域	描述
0～31	SUB_ADDR	4B的网络地址，DEF IP Table的索引
32～79	MAC_ADDR	6B的MAC地址，是下一跳网关的MAC地址
80～85	PORT	转发IP数据包的端口号
86～90	INTF	三层路由接口号，用于从L3INTF表中获取路由接口的MAC
91～95	SUBNET_LEN	子网掩码
96	CPU	是否要提交给CPU处理
97～127	RESERVED	保留

4. 多层交换设备的数据处理流程

（1）多层交换设备的数据转发流程

多层交换设备的数据转发流程，如图5-25所示。本流程都是由芯片处理的，主要参数是目的MAC（Distention MAC），通过对目的MAC的分类和对比，对数据进行处理。这里有几个处理单元，分别为VLAN Flood、Do IP MAC、Do L2 MAC、Do L3 Switch。

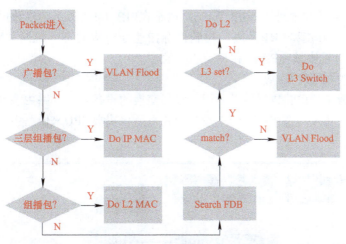

图5-25　多层交换设备的数据转发流程

如图5-25所示，当一个数据进入交换设备时，首先被判断是否为二层广播数据，如果是二层广播数据，则在数据所属的VLAN内广播；如果不是，则判断是否为三层组播包。如果是三层组播包，则转发到IP MC表项处理。IP MC的表结构见5-3表。

表5-3　IP MC的表结构

Dst IP addr 目的IP地址	Src IP addr 源IP地址	L2BITMAP 需要转发的二层地址
L3BITMAP 需要转发的三层地址	Ingress vid 数据的VLAN ID	L3intf 三层网关接口地址

通过IP MC对组播数据做相应的处理。

如果不是三层组播包，则判断是否为二层组播，如果是二层组播，则转发到L2 MC处理（和前面介绍的二层交换机对组播数据处理的方法一致）。

如果不是二层组播包，则转发到FDB表项处理。如果找不到匹配的选项，则和二层交换机在MAC地址表中找不到目的MAC地址一样，广播到所属VLAN。

如果FDB表项中有匹配的选项，表明该数据可以转发，则继续判断L3位是否置0。如果置0，则表明该数据为二层转发的数据，不需要路由直接通过FDB表项中的PORT位的端口号转发，数据转发结束。

如果L3位置1，则表明该数据为三层转发数据，数据会转发给网关进行三层交换（L3 Switch）。

（2）多层交换设备的三层交换（L3 Switch）

所有L3 Switch转发过来的数据包都先查找L3表项，如果没有查到匹配项，则再查找FIB表项。根据接收到数据包的目标IP地址的不同，IP转发表的操作分以下3种情况：

1）数据包的目的IP地址已在L3 Table中存在，直接转发该数据包到下一跳MAC地址对应的端口。

2）数据包的目的IP地址不在L3 Table，则查询FIB Table，如果目的IP地址所在的网段在FIB Table中存在，则直接转发该数据包到网关对应的端口。

3）数据包的目的IP地址不在L3 Table，也不在FIB Table中，则将数据包传送给CPU处理，通过软件的路由表和ARP模块，找到目标IP地址对应的下一跳网关MAC地址或主机MAC地址，并在过程中填充FIB表和相关的L3表。

（3）单播IP的数据转发

图5-26所示为单播IP的数据转发流程。多层交换的设备是一次路由多次转发，图中灰色箭头是数据第一次转发，在IP转发表中没有记录，所以需要CPU来做路由处理，同时把处理结果更新到IP转发表。

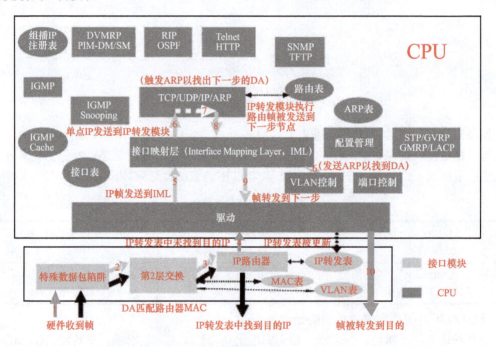

图5-26 单播IP的数据转发流程

1）交换机收到数据帧，并根据目的MAC判断是否为广播或者组播。
2）交换机在FDB表中查找到目的MAC地址，并且L3位被置1。
3）交换机在IP转发表中查找目的IP地址。
4）没有目的IP地址，交给CPU处理。
5）交换机把数据转发给IML。
6）IML把单点IP发送到IP转发模块。
7）IP转发模块通过ARP请求，找到下一跳的目的地址。
8）按照目的地址转发数据帧给IML。
9）IML将数据帧转发给相应的交换芯片。
10）交换芯片转发数据帧，并同步IP转发表。

黑色箭头的数据是在IP转发表更新以后，就不再需要CPU处理，直接通过交换芯片进行装发，可以达到线速转发，这也是多层交换的设备优于路由设备的地方。

（4）路由协议的数据转发

交换机的路由表由本地直连路由、静态路由和动态路由组成。图5-27描述了动态路由

（包括组播路由）的处理方法。

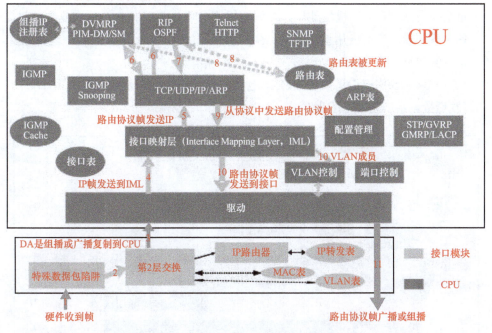

图5-27 路由协议的数据转发流程

1）交换机收到数据帧，转发给交换芯片ASIC处理。

2）交换芯片ASIC判定目的MAC是组播地址还是广播地址，并且确定为使用路由协议处理转发。

3）数据转发给CPU处理。

4）数据转发到IML。

5）IML将数据转发给IP模块处理。

6）IP模块根据路由协议的不同，分别转发给相应的模块处理。

7）相应的路由模块处理路由协议，并回应数据。

8）路由模块更新网络路由表。

9）IP模块转发回应数据给IML。

10）IML将回应数据帧转发给相应的交换芯片。

11）交换芯片转发数据帧，并同步IP转发表。

（5）应用程序的数据转发

图5-28描述了多层交换设备本身的应用程序提供服务时的数据转发流程。例如，通过Web页面配置交换机，通过网管软件管理交换机等。

1）接收到应用请求的数据帧。

2）在FDB表项中找到目的MAC为多层交换设备的MAC地址。

3）在IP转发表中的IP地址指向CPU的地址。

4）交换芯片将数据交给CPU处理。

5）数据帧被发送到IML处理。

6）将数据发送到IP处理模块处理，存储应用请求者的MAC并在今后恢复数据时提取。

7）各个应用模块响应应用请求，并产生恢复数据。

8）将恢复数据发送到IML。

9）从MAC Cache中提取请求者的MAC地址并将恢复数据发送交换芯片。

10）发送数据给应用的请求者。

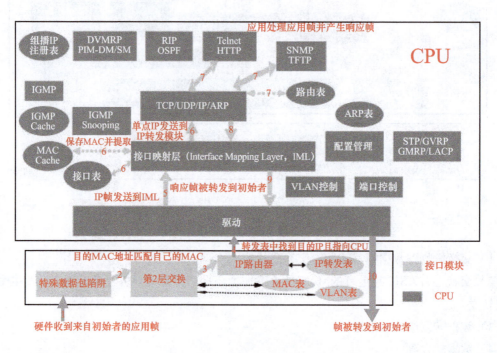

图5-28 应用程序的数据转发流程

5.4 本章小结

- 掌握二层交换设备的交换原理。
- 掌握二层数据的处理流程。
- 掌握三层交换设备的交换原理。
- 掌握三层数据在三层设备中的处理流程。

5.5 习题

（1）三层交换机的处理流程包括（　　）。

  A．路由协议部分　　　　　　B．平台软件协议栈部分

  C．硬件处理流程　　　　　　D．驱动代码部分

（2）最长匹配三层交换机硬件处理部分主要包含（　　）。
  A．二层MAC地址表　　　　　　B．L3 Table
  C．ARP表　　　　　　　　　　D．DEF_IP表
（3）交换机收到数据帧，先检查（　　）。
  A．数据帧的VLAN属性　　　　　B．数据帧的目的MAC地址
  C．数据帧的源MAC地址　　　　　D．数据帧的目的IP地址
（4）下面关于三层交换机VLAN接口描述正确的是（　　）。
  A．交换机有多少个VLAN就可以创建多少个VLAN接口
  B．VLAN接口是一种虚拟接口，它不作为物理实体存在于交换机上
  C．每个VLAN接口只可以配置一个IP地址
  D．每个VLAN可以配置一个主IP地址、多个从地址

第6章 园区网高可用性

内容提要

虚拟路由冗余协议对共享多存取访问介质（如以太网）上终端IP设备的默认网关（Default Gateway）进行冗余备份，在其中一台路由（网关）设备关机时，Backup路由设备及时接管转发工作，向用户提供透明的切换网关服务，提高了网络服务质量。本章的学习目标如下：

> 理解单点故障在网络中的影响。
> 理解虚拟路由冗余协议。
> 学会对VRRP进行配置。

6.1 虚拟路由的应用

1. 单点故障问题

高可用性是确保网络能够快速复原的基础，旨在增强IP网络的可用性。用户对网络应用的访问必须跨越不同的网段，从企业骨干网到企业网边缘，再到服务提供商边缘，最后穿越服务提供商核心网。所有网段必须具有足够快速的复原能力，使用户的网络服务感受不到由曾经发生的任何问题所带来的影响。本章将描述高可用性的概念，如何实现网络的快速复原功能，以及如何设计网络，使其总是能为任意两个终端设备提供可靠的通信路径。

一般来说，主机通过设置默认网关来与外部网络联系，因为这样配置非常简单。如图6-1所示，网络上的主机设置了一条默认路由（10.1.113.1），该路由的下一跳指向主机所在网段内的一个路由器RouterA，由RouterA将报文转发出去。这样，主机发出的目的地址不在本网段的报文将被通过默认路由发往RouterA，从而实现了主机与外部网络的通信。然而，万一RouterA出现故障，主机将与外界失去联系，陷入孤立的境地。遗憾的是，仅仅在网络上多加一台路由器并不能解决问题。在基于TCP/IP的网络中，为了保证不在同一网络的设备之间的通信，必须指定路由。其实在目前的网络中，对终端节点来说有许多种决定到达某一指定目标IP的第一跳路由的方法，如运行（或侦听）动态路由协议（RIP或OSPF v2）、运行ICMP路由器发现客户端或者使用静态配置默认路由。最常用的还是通过配置默认网关添加默认路由来实现。

第 6 章　园区网高可用性

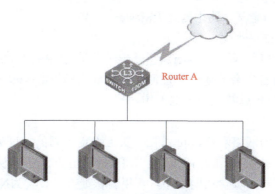

图6-1　单点网关示意图

在每个终端节点运行动态路由协议由于诸多原因变得不太现实，如管理过载、流量过载、安全问题以及在某些操作平台中缺乏相应的可运行协议等问题。而邻居或路由发现协议需要网络中每个节点的参与，这样势必会占用对主机运行相关协议的大量的处理时间，当网络中一个邻居关机时，也会花费巨大的延迟时间才能最终使网络收敛。

相对而言，使用静态配置默认路由的方法还是相当普遍的，它大大减少了配置和处理终端节点的时间，目前几乎所有的IP网络中都支持这种配置方法。这种方式在局域网中使用了DHCP之后得到了扩展，DHCP将提供更加灵活的对于终端节点的IP地址和默认网关的配置方式。然而，这种方式也造成了单一故障点的问题，当网络中给终端节点配置的网关失效之后将造成所有网络节点无法顺利发送数据包到外网，即使当前有另外一条通向外网的路径存在也不能，因为在终端机看来，只会将发往外网的数据送到配置给它的默认网关路由器。

为了确保默认网关的冗余性，管理员需要实施HSRP（热备份路由器协议）、VRRP（虚拟路由器冗余协议）这些协议负责提供可用冗余网关之间的状态化故障倒换。HSRP/VRRP负责为每个子网提供一个主要路由器，同时使另一个路由器运行于待机/备份状态。

VRRP就是为了解决在静态配置终端网关的情况下引起的单一故障点的问题。VRRP在一个局域网中的多个VRRP网关路由器中通过选举协议动态指定一个用来负责转发数据的路由器作为虚拟路由器的Master。这台被选出的路由器将接收发给虚拟网关的数据包并进行转发处理，通过这种方式担负Master路由器的责任。当Master路由器不可用时，VRRP通过再次选举的进程在众多的VRRP路由器中选举另一台可以担负原Master路由器工作的VRRP路由器。这样，终端节点将不必更改任何配置，VRRP路由器的切换过程对终端节点完全透明，终端仍旧将它发往外网目的地的数据包发送到虚拟网关地址，而此时也许原来的Master路由器已经不再可用，但仍然有另一台被VRRP选出的路由器在担负转发数据包的任务。

2．VRRP的特点

（1）IP地址的Backup

一个虚拟IP地址被多台路由器共用，这是VRRP的首要功能。该功能将网络黑洞的持续时间最小化，还可以实现负载分担。

（2）首选路径确定

VRRP用一个简单方法，从各成员中选举Master路由器，通过设立优先级和抢占方式来选举。Backup组中优先级最高的路由器将成为Master路由器，当优先级相同时，将会比较接口的主IP地址。优先级的取值范围为0～255（数值越大表明优先级越高）。用户可以通过设定优先级和抢占方式来指定某一路由器成为Master。

（3）使不必要的中断最小化

当Master路由器选好后，除了Master路由器定时发送的VRRP广播报文外，Master路由器和Backup路由器之间没有多余的通信。任何优先级低或相等的Backup路由器不能发起状态转换，这样Master路由器可以持续稳定地工作。

（4）安全性可扩展

对于安全程度不同的网络环境，可以在报头上设定不同的认证方式和认证字。任何没有通过认证的报文将做丢弃处理。VRRP定义了3种认证方式：无认证、简单字符认证和MD5认证（MD5）。在一个安全的网络中，可以将认证方式设置为NO，路由器对要发送的VRRP报文不进行任何认证处理，而收到VRRP报文的路由器也不进行任何认证就认为是一个真实合法的VRRP报文。这种情况下，不需要设置认证字。在一个有可能受到安全威胁的网络中，可以将认证方式设置为SIMPLE，这样发送VRRP报文的路由器就会将认证字填入到VRRP报文中，而收到VRRP报文的路由器会将收到的VRRP报文中的认证字和本地配置的认证字进行比较，相同则认为是真实的、合法的VRRP报文，否则认为是一个非法的报文，将会丢弃。在一个非常不安全的网络中，可以将认证方式设置为MD5，这样路由器就会利用Authentication Header提供的认证方式和MD5算法来对VRRP报文进行认证。

所有协议消息用IP组播数据报发送，因此该协议可以在不同的LAN上使用。

6.2 虚拟冗余路由协议（VRRP）

1．VRRP的概念及相关术语

1）VRRP路由器：一台运行VRRP的路由器。一台VRRP路由器可能参与一个或者多个VRRP虚拟路由器的选举。虚拟路由器实际是由VRRP管理的一个抽象的对象，它担任着一个局域网中被主机认定的默认网关路由器的角色。它由一个VRID和一组相关的IP地址构成，一个VRRP路由器可能对一个或多个虚拟路由器进行Backup。

2）IP地址所有者：一台将虚拟路由器的IP地址作为真实接口地址的VRRP路由器。当它启动到网络中后，将响应所有发送给这个地址的ICMP报文、TCP连接请求等。

3）主IP地址：在一组真实的接口地址中选出的IP地址，一个可能的选举算法是选择最先识别的地址。VRRP的通告信息都是使用这个主地址作为数据包的源地址。

4）虚拟Master路由器：一台担任转发发送给网关地址的数据包的VRRP路由器。它同时负责响应对该地址的ARP请求。

注意，如果IP地址所有者是可用的，那么这个所有者将一直担任虚拟路由器Master的角色。

5）虚拟Backup路由器：一组VRRP路由器的集合体，当目前的Master路由器失效后，它们将有可能成为虚拟路由器中负责转发数据的新的Master路由器。

6) Priority：优先权。在VRRP Instance中将对每个实际的路由器定义一个优先权，它的取值从1～254（0和255在RFC定义中被保留）。当Master路由器不可用时，Backup路由器将根据自己的优先权来决定由谁接管Master路由器的工作。数字越大，权值越大。

7) Authentication：验证。处在同一个VRID中的实际路由器是需要通信的，它们之间的通信需要相互验证。一般使用密码验证。

 需要说明的是，同一个VRID中的实际路由器通信时使用组播地址：224.0.0.18。

2．VRRP的工作原理

在VRRP中，有两组重要的概念：VRRP路由器和虚拟路由器，Master路由器和Backup路由器。VRRP路由器是指运行VRRP的路由器，是物理实体；虚拟路由器是由VRRP创建的，是逻辑概念。一组VRRP路由器协同工作，共同构成一台虚拟路由器。该虚拟路由器对外表现为一个具有唯一固定IP地址和MAC地址的逻辑路由器。处于同一个VRRP组中的路由器具有两种互斥的角色：Master路由器和Backup路由器，一个VRRP组中有且只有一台处于Master角色的路由器，可以有一个或者多个处于Backup角色的路由器。VRRP使用一定的选择策略从路由器组中选出一台作为Master，负责ARP响应和转发IP数据包，组中的其他路由器作为Backup的角色处于待命状态。当由于某种原因Master路由器发生故障时，Backup路由器能在几秒钟的时延后升级为Master路由器。由于该切换非常迅速而且不用改变IP地址和MAC地址，因此对终端使用者系统是透明的。VRRP拓扑示意图如图6-2所示。

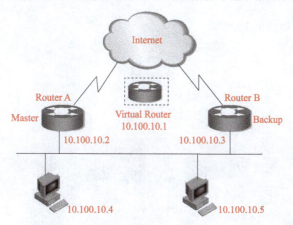

图6-2 VRRP拓扑示意图

一个虚拟路由器有唯一的标识VRID，范围为0～255。该路由器对外表现为唯一的虚拟MAC地址，地址的格式为00-00-5E-00-01-[VRID]。Master路由器负责对ARP请求用该MAC地址做应答。这样，无论如何切换，保证给终端设备的是唯一一致的IP和MAC地址，减少了主备切换对终端设备的影响。

VRRP控制报文只有一种：VRRP通告。它使用IP组播数据包进行封装，组地址为224.0.0.18，通告范围只限于同一局域网内。这保证了VRID在不同网络中可以重复使用。为了减少网络带宽消耗，只有Master路由器才可以周期性地发送VRRP通告报文。Backup路由器在连续3个advertisement_interval内收不到VRRP或收到优先级为0的通告后启动新的一轮VRRP选举。

在VRRP路由器组中，按优先级选举Master路由器，VRRP中优先级范围是0～255。若VRRP路由器的IP地址和虚拟路由器的接口IP地址相同，则称该虚拟路由器为VRRP组中的IP地址拥有者；IP地址拥有者自动具有最高优先级255。优先级0一般用在IP地址所有者主动放弃Master者角色时使用，可配置的优先级范围为1～254。优先级的配置原则可以依据链路的带宽和成本、路由器性能和可靠性以及其他管理策略设定。在Master路由器的选举中，高优先级的虚拟路由器成为Master设备，因此如果在VRRP组中有IP地址所有者，则它总是作为Master路由的角色出现。对于相同优先级的候选路由器，按照IP地址大小顺序选举。VRRP还提供了优先级抢占策略，如果配置了该策略，则高优先级的Backup路由器便会剥夺当前低优先级的Master路由器而成为新的Master路由器。

为了保证VRRP的安全性，提供了两种安全认证措施：明文认证和IP头认证。明文认证方式要求：在加入一个VRRP路由器组时，必须同时提供相同的VRID和明文密码，适合于避免在局域网内的配置错误，但不能防止通过网络监听方式获得密码。IP头认证的方式提供了更高的安全性，能够防止报文重放和修改等攻击。

3．配置举例

（1）组网说明

SW3和SW4两台交换机运行VRRP，为SW1和SW2提供虚拟网关服务，以保证SW3和SW4任意一台设备或链路中断的情况下，SW1还可以和SW2通信。

（2）组网图

VRRP组网案例图如图6-3所示。

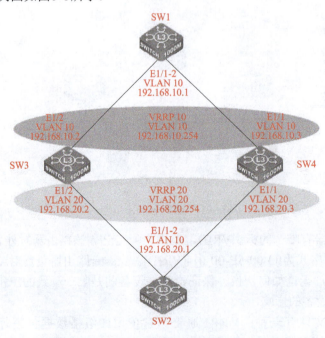

图6-3　VRRP组网案例图

（3）配置步骤

1）SW3的配置。

#配置VLAN和三层接口

switch(config)#**vlan** 10

switch(config-vlan10)#**switchport interface ethernet address** 1/1

switch(config-vlan10)#**ip address** 192.168.10.2 255.255.255.0

switch(config-vlan10)#**exit**

switch(config)#**vlan** 20

switch(config-vlan20)#**switchport interface ethernet address** 1/2

switch(config-vlan20)#**ip address** 192.168.20.2 255.255.255.0

switch(config-vlan20)#**exit**

#配置VRRP

switch(config)#**router vrrp** 10

switch(config-router)#**virtual-ip** 192.168.10.254

switch(config-router)#**interface vlan** 10

switch(config-router)#**priority** 120

switch(config-router)#**enable**

switch(config-router)#**exit**

switch(config)#**router vrrp** 20

switch(config-router)#**virtual-ip** 192.168.20.254

switch(config-router)#**interface vlan** 20

switch(config-router)#**priority** 120

switch(config-router)#**enable**

switch(config-router)#**exit**

2）SW4的配置。

#配置VLAN和三层接口

switch(config)#**vlan** 10

switch(config-vlan10)#**switchport interface ethernet address** 1/1

switch(config-vlan10)#**ip address** 192.168.10.3 255.255.255.0

switch(config-vlan10)#**exit**

switch(config)#**vlan** 20

switch(config-vlan20)#**switchport interface ethernet address** 1/2

switch(config-vlan20)#**ip address** 192.168.20.3 255.255.255.0

switch(config-vlan20)#**exit**

#配置VRRP

switch(config)#**router vrrp** 10

switch(config-router)#**virtual-ip** 192.168.10.254

switch(config-router)#**interface vlan** 10

switch(config-router)#**enable**

```
switch(config-router)#exit
switch(config)#router vrrp 20
switch(config-router)#virtual-ip 192.168.20.254
switch(config-router)#interface vlan 20
switch(config-router)#enable
switch(config-router)#exit
```

（4）注意事项

1）VRRP配置完成后，必须使用enable命令将VRRP使能。否则VRRP配置不生效。在修改VRRP组的配置时，也需要先将VRRP组Disable后才可以修改VRRP组的配置。

2）VRRP组的ID号从1～255，总共可以创建255个VRRP组。

3）VRRP组默认监控的是三层接口的UP/Down，在冗余链路的环境中，需要配合STP一起使用，以保证网络的可用性（后续版本中，可以配合BFD功能监控物理接口的UP/Down）。

4）VRRP的交互报文只有定期发送的Hello报文，默认的交互时间是1s。当整机VRRP组超过10组时，建议修改VRRP的交互间隔，避免设备在同一时间处理大量的VRRP报文。VRRP组根据优先级比较确认哪台设备会成为Master，默认的优先级是100。优先级相同时，再比较IP地址，IP地址较大的一台会作为Master。

6.3 热备份路由协议（HSRP）

1. HSRP的概念及相关术语

热备份路由协议（Hot Standby Routing Protocol，HSRP）是一种网关冗余协议，它通过在冗余网关之间共享协议和MAC，提供不间断的IP路径冗余。HSRP在两个或多个路由器间创建虚拟MAC和虚拟IP，其实就是将多台物理的路由器组合成一台虚拟路由器。这个虚拟路由器有自己的IP和MAC，主机的网关设为该虚拟IP就可以了。

（1）HSRP组的组成

1）活跃路由器：转发发送到虚拟路由器的数据包。

2）备份路由器：监视HSRP组的运行状态。当活跃路由器不能运行时，迅速承担起转发数据包的责任。

3）虚拟路由器：在逻辑上代表一台或多台可以连续工作的路由器，并不实际转发数据包。客户端的网关虽然指向虚拟路由器，但是数据的转发实际上还是有当前的活跃路由器来完成。

4）HSRP组还可以包含其他路由器，这些路由器监视HELLO消息，但不做应答。路由器转发任何经由它们的数据包，但并不转发经由虚拟路由器的数据包。

HSRP组内的每个路由器都有指定的优先级，用于衡量路由器在活跃路由器选择中的优先程度。组中具有最高优先级的路由器将成为活跃路由器，如果优先级相同，则IP地址最大的路由器是活跃路由器。

（2）HSRP的消息类型

1）hello消息：HSRP路由器每3s发送一个hello消息，值为0。

2）coup（政变）消息：当备份路由器接替活跃路由器功能时，会发送政变消息。

3）resign（辞职）消息：表明路由器不想再当活跃路由器，或者收到另一个优先级更高的路由器发出的hello消息。

（3）HSRP的工作状态

当路由器以某种状态存在时，它将执行该状态所需要进行的工作。

1）初始状态：表明HSRP还没有运行。配置发生变化或一个端口第一次启用时，就进入该状态。

2）学习状态：路由器等待来自活跃路由器的消息。

3）监听状态：除活跃和备份路由器之外的路由器都保持监听状态。

4）发言状态：路由器周期性发送hello消息，参与活跃或备份路由器的竞选。

5）备份状态：该路由器成为下一个活跃路由器的候选设备。

6）活跃状态：在活跃状态，路由器负责转发发送到备份组的虚拟MAC地址的数据包。

HSRP实际上在局域网用得较多，由于局域网内大多使用三层交换机，所以这时HSRP是在交换机的SVI接口上配置的。

2．HSRP的工作原理

当一台三层交换机关机时，主机是没有办法自动切换网关的，所以用HSRP来解决这个问题，用两台三层交换机配置HSRP，实现网关的冗余备份。主机只需要配置一个网关，就可以自动选择任何一台三层设备作为网关。

路由网关设备的切换对主机就是透明的。HSRP向主机提供了默认网关的冗余，减少了主机维护路由表的任务。通过多个热备份组，路由器可以提供冗余备份，并在不同的IP子网上实现负载分担，较好地解决了路由器切换的问题。通过一组路由器的协同工作，这个组形成一个虚拟路由器，配置有一个虚拟IP地址和MAC地址。因为从末端主机的角度来看，虚拟路由器就是一台有IP和MAC的路由器。因为是虚拟的，所以这个虚拟的路由器一直存在，不会受到单台路由器故障的影响。整个路由器组中如果当前活动的路由器发生故障，那么会自动切换到另一台备份的路由器上，而末端主机是感觉不到真实网关的跳动的（虚拟网关一直不变），不会受到故障的影响而影响了通信。

命令：**standby [<group>] ip [<A.B.C.D>]**

　　　no standby [<group>] ip [<A.B.C.D>]

功能：启动/关闭HSRP。

参数：**<group>**为组序号，取值范围为0~255；**<A.B.C.D>**为虚拟IP地址。

默认情况：默认为不配置。**<group>**如不指定，则默认为0；**<A.B.C.D>**如不指定，则默认为0.0.0.0。

命令模式：VLAN接口配置模式。

使用指南：启动HSRP，如果虚拟IP地址不指定，则交换机不会参与备份，直到从备份组中的活动交换机获得虚拟IP地址。虚拟IP应该是接口所在的网段内的地址。一旦退出HSRP备份组，则交换机在该组上设置的其他属性都不再起作用。

举例：配置组10的虚拟IP地址为10.1.1.1

Switch(config)#interface vlan 1
Switch(Config-If-Vlan1)#standby 10 ip 10.1.1.1

HSRP组网案例图如图6-4所示。

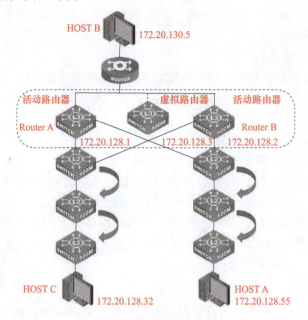

图6-4　HSRP组网案例图

6.4　Syslog

Syslog是网络设备向日志服务器发送日志的协议。网络设备根据网络事件所导致的结果生成日志消息，每个Syslog消息中包含一个严重级别，严重级别可以用数字表示（0～7）。系统消息日志（Syslog）程序允许一台设备在本地或者向远端日志服务器提供报告并保存重要的错误和通知消息，Syslog消息可以被发送到本地控制台连接链路、系统缓存或远端Syslog服务器上。对于交换机设备的日志，用户需要保存到网络中的Syslog Server上，以便进行后续的故障分析排查。Syslog配置案例图如图6-5所示。

图6-5　Syslog配置案例图

#将交换机的Warning级别的日志发送到Syslog Server的local1队列中
Switch(config)#**logging** 1.1.1.10 **facility local1 level warnings**

1）交换机设备和Syslog Server间需要保持可达状态。在本例中虽然没有写出配置交换机的三层接口地址和路由，但在实际应用环境中，交换机设备的接口地址和路由信息需要按照连接情况进行配置。

2）由于Syslog Server种类众多，如果在使用过程中发现交换机设备发出的信息在Syslog Server上显示异常或是有错误，则应适当地调整种类。

6.5 简单网络管理协议（SNMP）

SNMP是需要很少编码就可实施的简单解决方案，因此很多厂商可以很轻易地在其产品中建立SNMP代理，于是SNMP往往成了网络管理架构的基础。

SNMP提供了一种从网络上的设备中收集网络管理信息的方法。SNMP也为设备向网络管理工作站报告问题和错误提供了一种方法。使用SNMP进行网络管理需要以下几个重要组件：管理工作站、SNMP代理、管理信息库（MIB）和网络管理工具。管理工作站通常就是计算机，工作站上必须装有网络管理软件，管理员可以使用用户接口从MIB取得信息。同时为了进行网络管理，它应该具备将管理命令发到SNMP代理的能力。

SNMP代理是一种网络设备，如主机、网桥和路由器等，这些设备都必须能够接收管理工作站发来的信息。它们的状态也必须可以由管理工作站监视。SNMP代理响应工作站的请求进行相应的操作，也可以在没有请求的情况下向工作站发送信息。

MIB是对象的集合，它代表网络中可以管理的资源和设备。每个对象基本上是一个数据。它代表被管理的对象的某一方面的信息。

最后一个组件是管理协议（SNMP）其基本功能是取得、设置和接收代理发送的意外信息。取得是指工作站发送请求，代理根据这个请求回送相应的数据；设置是工作站设置管理对象（也就是代理）的值；接收代理发送的意外信息是指代理可以在管理工作站未请求的状态下向管理工作站报告发生的意外情况。

SNMP典型配置

1. 组网需求

1）配置交换机打开SNMP，使网管主机可以通过SNMP v1/v2版本访问到交换机。
2）配置交换机打开SNMP v3协议，使网管主机可以通过SNMP v3版本访问到交换机。

2. 组网图

SNMP组网案例图如图6-6所示。

网管主机　　　　　　Switch
1.1.1.10/24　　　　　1.1.1.10/24

图6-6　SNMP组网案例图

3. 配置步骤

（1）配置SNMP v1/v2

#开启交换机SNMP功能
Switch(config)#**snmp-server enable**
#配置SNMP v1/v2读取时的团体字符串，只读（ro）方式的团体字符串为"public"，

读写（rw）方式的团体字符串为"private"
Switch(config)#**snmp-server community rw** private
Switch(config)#**snmp-server community ro** public
#配置SNMP安全IP（网管主机IP地址）
Switch(config)#**snmp-server securityip** 1.1.1.10
#配置SNMP Trap功能，将Trap信息发送到网管主机
Switch(config)#**snmp-server host** 1.1.1.5 **v1** usertrap
Switch(config)#**snmp-server enable traps**

（2）配置SNMP v3
#开启交换机SNMPv3功能
Switch(config)#snmp-server enable
#配置SNMPv3的用户名和用户组
Switch(config)#**snmp-server user** tester UserGroup **authPriv auth md5** hellotst
Switch(config)#**snmp-server group** UserGroup **AuthPriv read** max **write** max **notify** max
Switch(config)#**snmp-server view** max 1 **include**
#开启交换机SNMPv3 Trap功能
Switch(config)#**snmp-server host** 10.1.1.2 **v3 authpriv tester**
Switch(config)#**snmp-server enable traps**

4．注意事项

1）配置SNMP功能时，安全IP（security IP）必须配置，或是使用"snmp-server securityip disable"命令关闭SNMP安全IP的功能，否则任何网管设备无法管理到交换机。

2）安全IP最多可以配置32个。如果希望使用ACL表示安全管理IP，则需要升级到IVY 6.1或更高的软件版本。

6.6 本章小结

- VRRP的产生和应用。
- VRRP的原理。
- VRRP基础。
- VRRP选举。
- VRRP状态迁移。
- VRRP的配置。

6.7 习题

（1）VRRP的虚拟路由器号（VRID）可以配置为（　　）。
  A．0   B．1   C．255   D．256

(2) VRRP支持的认证方式包括（　　）。
  A．无认证   B．简单字符认证
  C．MD5认证   D．SHA认证
(3) 在VRRP组中，Backup路由器为Master路由器，可能的原因是（　　）。
  A．在非抢占模式下，Master路由器没有出现故障，Backup路由器被配置了更高的优先级
  B．在抢占模式下，Master路由器没有出现故障，Backup路由器被配置了更高的优先级
  C．在非抢占模式下，Master路由器出现故障后恢复
  D．在抢占模式下，Master路由器出现故障后恢复
(4) VRRP报文类型包括（　　）。
  A．Hello   B．Init
  C．Authentication   D．Advertisement

第 7 章　园区网服务质量

 内容提要

本章主要针对多层交换网络中保证关键应用和多媒体应用的技术——QoS方法进行讨论，对QoS术语以及在设备中的实现过程进行了详细的讲解，对使用多层交换设备的大型企业局域网实施访问控制时采用的ACL方法进行讨论，主要介绍标准及扩展的访问控制列表的工作原理和实施方法本章的学习目标如下：

- 理解QoS过程和相关术语。
- 学会在交换机中实现QoS。
- 理解访问控制列表的工作原理。
- 熟悉访问控制列表的分类和各自的特点。
- 学会在多层交换设备中实施访问控制列表。

7.1　园区网QoS概述

管理员可以使用QoS的特性及服务来对网络进行设计和实施，而这个网络既可以符合IETF（Internet工程任务组）的集成服务模型，也可以满足区分服务模型。交换机可以通过QoS特性来对服务进行区分，这样的QoS特性包括流量分类与标记、流量调节、拥塞避免和拥塞管理等。

对于园区网的设计方案而言，QoS的作用是提供以下的功能。

1）控制对资源的使用：控制可以使用哪些网络资源（带宽、设备、WAN设施等）。例如，关键通信流（如语音、视频和数据）可能通过这样的链路进行传输，即不同类型的通信流彼此争用链路带宽。QoS可以控制流量对资源的占用，如丢弃优先级低的数据包，从而防止优先级低的通信流独占链路带宽，影响优先级高的通信流进行通信（如语音通信流）。

2）更有效地利用网络资源：通过使用网络分析管理和统计工具，可以知道通信流是如何进行处理的，哪些通信流存在延迟、抖动和丢包等问题。如果通信流没有以最优的方式进行处理，则可以使用QoS来调整交换机对特定通信流的处理方式。

3）定制服务：QoS提供的控制能力和可预见性使Internet服务提供商能够为客户定制不同的服务等级。例如，对于每天的访问量分别为3000～4000和200～300的客户网站，服务提供商可以提供不同的SLA。

4）关键任务应用共存：QoS技术确保对企业来说最重要的关键任务应用能够优先使用网络。对时间敏感的多媒体和语音应用需要占用大量的带宽，且要求延迟尽可能小，而链路上的其他应用则获得普通服务，不会影响关键任务通信流。

管理员可以通过定义规则，来使QoS为网络拥塞的问题提供解决方案。拥塞是影响网络可用性和稳定性的重要因素，但并非是唯一的因素。所有网络都可能出现以下3种网络可用性和稳定性问题。

1）延迟（或时滞）：数据包到达目标所需的时间。

2）延迟变化（或抖动）：同一个流中不同数据包的延迟之间的差别。

3）丢包：数据包在信源和目标之间传输的过程中丢包的度量。

即使在拥有足够带宽的多层交换网络中，也存在延迟、抖动和丢包的现象。因此，每种多层交换网络设计都需要包括QoS，设计精良的QoS体系结构可以最大限度降低延迟和抖动，还能够在一定程度上降低丢包率。

1．QoS服务模型

在网络中实施QoS时，有以下3种模型可供参考，这3种模型并不是QoS技术，而是用来指导在各种需求下如何实施QoS。

> 尽力而为服务模型（Best-Effort Service）。
> 综合服务模型（Integrated Service），简称Intserv。
> 区分服务模型（Differentiated Service），简称Diffserv。

（1）尽力而为服务模型

在尽力而为服务模型中，所有网络设备全部都是尽自己最大努力传输数据，所有数据尽管传，不需要得到许可，有多少传多少，任何数据都不能得到保证，延迟也无法预计，所以尽力而为服务模型其实并没有实施任何QoS，默认的网络都工作在这种模型下。

（2）综合服务模型

在实施了综合服务模型QoS的网络中，应用程序在发送数据之前，必须先向网络申请带宽。例如，一个视频程序在正常通信下需要100kbit/s的带宽，那么视频程序在连接之前，必须向网络申请自己需要100kbit/s的带宽，当网络同意后，视频便可连接，并且将保证能够得到100kbit/s的带宽，而不会有任何延迟。但是如果某些程序在连接之前没有向网络申请带宽，那么它的流量只能得到尽力而为的服务。由此可见，当某些程序流量需要绝对保证带宽时，可以在综合服务模型的网络中通过申请带宽来保证自己的流量。在申请带宽时，所用到的协议为RSVP（Resource Reservation Protocol）。在综合服务模型中，重要的数据可以通过申请带宽而得到保证，但是在传送之前必须申请，也需要耗费额外一些时间，在现有的网络中，综合服务模型的QoS通常并不被采用。

（3）区分服务模型

在实施了区分服务模型QoS的网络中，网络将根据不同数据提供不同服务，因此所有数据都被分成不同的类别，或者设置为不同的优先级。在网络发生拥塞时，网络总是先传输高优先级的数据，后传输低优先级的数据，在网络没有拥塞时，所有数据全部照常传输。在实施区分服务模型的QoS时，就必须先将数据分成不同的类别，或设置成不同的优先级。现在的网络中，实施QoS时通常采用区分服务模型。

相关术语：

- **CoS**（Class of Service，服务级别）：L2 802.1q帧携带的分类信息，在帧头的Tag字段中占3bit，称为用户优先级，范围为0～7。CoS格式如图7-1所示。

图7-1　CoS格式

- **ToS**（Type of Service，服务类型）：L3 IPv4包头携带的一个字节的字段，标记IP包的服务类型，ToS字段内可以是IP Precedence值，也可以是DSCP值。
- **IP Precedence**：IP优先级，L3 IP包头携带的分类信息，共占3bit，范围为0～7。
- **DSCP**（Differentiated Services Code Point，差别化业务编码点）：L3 IP包头携带的分类信息，共占6bit，范围为0～63，向下兼容IP Precedence。

ToS/IP优先级/DSCP格式示意图如图7-2所示。

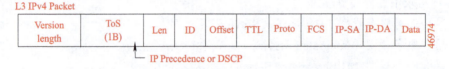

图7-2　ToS/IP优先级/DSCP格式示意图

- **分类**：QoS的入口动作，根据数据包携带的分类信息或ACLs，将数据包流量进行分类。
- **监管**：QoS的入口动作，制定监管策略，对分类后的数据包进行监管。
- **重写**：QoS的入口动作，根据制定的监管策略，对数据包进行通过、降级、丢包等操作。
- **整形**：QoS的出口动作，根据数据包的CoS值，将其归入相应的出口队列。
- **排程**：QoS的出口动作，配置4条出口队列的WRR（Weighted Round Robin）权重。
- **In Profile**：在QoS监管策略规定范围（带宽或突发值）内的流量。
- **Out of Profile**：超出QoS监管策略规定范围（带宽或突发值）的流量。
- **IEEE 802.1p**标准是对网络的各种应用及信息流进行优先级分类的方法。它确保关键的商业应用和时间要求高的信息流优先进行传输；同时又照顾到低优先级的应用和信息流，使它们得到所要求的服务，不至于被丢弃。因此，这个标准对于金融业务、单据处理、网络管理、继承的声音和数据应用、台式机视频会议和分布视像教学等应用是必不可少的标准。此外，这个标准可减少网络性能管理所需的时间，使管理人员可以把更多的精力放在更具前瞻性的工作上，如网络容量规划和新技术的实施。IEEE 802.1p信息流还可以顺利流经现有的网络设备。因此，信息技术管理人员可以把整个网络全改成统一网络，也可以逐步在网络核心、接线间、服务器区和台式机上推广统一网络。

第 7 章　园区网服务质量

IEEE 802.1p规格说明使得第二层交换机能够提供流量级别扩展和动态组播过滤服务。优先级工作在媒体访问控制MAC帧层（OSI参考模型第二层）。802.1p标准也提供了组播过滤流量优先级，以确保该流量不超出第二层交换网络容量。

802.1p协议头包括一个3位优先级字段，该字段支持将数据包分类为各种流量种类。网络管理器通过该字段来实现流量分类，IEEE作了极力推荐，但并不强制使用其推荐的流量种类定义。流量种类也可以定义为尽力而为服务质量QoS或服务类CoS，并且在网络适配器和交换机上实现，而不需要任何预留装置。802.1p流量被简单分类并发送至目的地，而没有带宽预留机制。

802.1p是IEEE 802.1q（VLAN标签技术）标准的扩充协议，它们工作于一前一后。IEEE 802.1q标准定义了为以太网MAC帧添加的标签。VLAN标签有两部分：VLAN ID（12bit）和优先级（3bit）。IEEE 802.1q VLAN标准中没有定义和使用优先级字段，而802.1p中则定义了该字段。

802.1p中定义的优先级有8种。尽管网络管理器必须决定实际的映射情况，但IEEE仍作了极力推荐。最高优先级为7，主要支持关键性网络流量，如路由选择信息协议RIP和开放最短路径优先OSPF表更新。优先级6和5主要支持延迟敏感应用程序，如交互式视频和语音。优先级1～4主要支持受控负载应用程序，如流多媒体和关键性业务流量。优先级0主要支持尽力而为，在没有设置其他优先级值的情况下，可以自动调用。

以太网中的 IEEE 802.1q标签帧格式在以太网（802.3）帧的基础上修订而成，如图7-3所示。

7	1	6	6	2	2	2	42～1496	4
Preamble	SFD	DA	SA	TPID	TCI	Type Length	Data	CRC

图7-3　IEEE 802.1q标签帧格式

- Preamble：7B。字段中1和0交互使用，接收站通过该字段知道导入帧，并且该字段提供了同步化接收物理层帧接收部分和导入比特流的方法。
- Start-of-Frame Delimiter（SFD）：1B。字段中1和0交互使用，结尾是两个连续的1，表示下一位是利用目的地址的重复使用字节的重复使用位。
- Destination Address（DA）：6B。DA字段用于识别需要接收帧的站。
- Source Addresses（SA）：6B。SA字段用于识别发送帧的站。
- TPID：值为8100（hex）。当帧中的EtherType也为8100时，该帧传送标签IEEE 802.1q/802.1p。
- TCI：标签控制信息字段，包括用户优先级（User Priority）、规范格式指示器（Canonical Format Indicator，CFI）和VLAN ID。TCI字段示意图如图7-4所示。

3 bit	1 bit	12 bit
User Priority	CFI	Bits of VLAN ID (VIDI) to identify possible VLANs

图7-4　TCI字段示意图

2. 流量标记与分类

要实施区分服务的QoS，就必须先将数据分为不同的类别，或者将数据设置为不同的优先级。将数据分为不同的类别称为分类，分类并不修改原来的数据包。将数据设置为不同的优先级称为标记，标记会修改原来的数据包。分类和标记是实施QoS的前提，也是基础。要正确对数据包进行分类和标记，需要了解数据包的某些特征，最重要的就是数据包的包头。

OSI参考模式第三层特征：IP Precedence（IP优先级）、DSCP（差分服务代码点）、源IP地址、目的IP地址都在第三层IP数据包里面，其中ToS字段预留1B可供标记使用，如图7-5所示。

图7-5 IP头部的DSCP字段

IP优先级同CoS一样只使用3bit标记，范围是0～7共8类数据，默认值为0，然而6和7是被保留的，只有0～5共6类可供用户标记使用。5建议用于语音 4由视频会议和流式视频共享，3用于呼叫信令，而DSCP则使用6bit标记，范围是0～63共64类数据。由于IP数据包包头ToS字段只有8bit可用，IP优先级标记时使用3bit，而DSCP标记时使用6bit，要同时标记IP优先级和DSCP需要使用9bit，因此ToS中只能标记IP优先级和DSCP中的一种。

注：IP优先级和DSCP被广泛用于标记选项，具有端到端的意义。IP优先级、DSCP、CoS之间的值可以互相映射。

3. 拥塞管理

当网络发生拥塞后，数据还是要被传递的，因为接收到的数据远多于自身的传输能力，所以数据被传输时就出现了先后顺序。规定数据按什么样的顺序来传输就是拥塞管理。只有当拥塞发生时，拥塞管理才会生效。对超额的数据流，使用队列算法来决定如何将数据发出，而每种队列技术都指定为解决特定的网络流量问题和使得网络在拥塞转发时获得特定的转发流程。队列技术需要依赖已经做好的分类和标记，因为队列技术需要根据数据包的不同特征做出不同处理。一个接口只能使用一个队列技术，需要了解的队列技术包括FIFO Queuing、PQ（Priority Queuing）、CQ（Custom Queuing）、WFQ（Weighted Fair Queuing）、CBWFQ（Class-based WFQ）、LLQ（Low Latency Queuing）。

1）FIFO（先进先出）队列不对数据包进行分类，当数据包到达接口后，数据包按照到达接口的先后顺序通过接口，数据包没有优先级之分，即使接口发生了拥塞，数据包也是先到的就先通过，后到的就后通过。设备接口是默认开启FIFO队列的，不需要手工配置。

2）PQ被称为优先级队列，是因为PQ在发生拥塞时，只传优先级最高的数据，只有当优先级最高的数据全部传完之后，才会转发次优先级的数据。PQ中有4个队列，分别是high、medium、normal、low，可根据数据包的IP优先级或DSCP等标识将数据包分配到各个队列中。在发生拥塞时，PQ先传high中的数据，直到全部传完之后，才会传medium中的数据，同样只有medium中的数据传完之后，才会传normal中的数据，最后等前面3个队列的所有数据都传完之后，才轮到low中的数据。由此可见，如果高优先级的队列没有传送完毕，则低优先级的数据将永远不会传递，造成了两极分化，使较低优先级的数据转发困难，出现"饿死"现象。虽然PQ只有在高优先级队列数据包全部传完的情况下，才会传下一个队列，但是可以限制每个队列一次性传输的最大数据包个数，当某个队列传输的数据包达到最大数量之后，无论是否还有数据包，都必须传递下一个队列。

3）CQ中有1～16共16个队列轮循，每个队列可以限制可传的数据包总数，但实时数据不能得到保证。将数据包分配到CQ的各个队列中，当网络发生拥塞时，CQ先传第1个队列中的数据，当传到额定的数据包个数后，就接下去传第2个队列中的数据，同样是传到额定的数据包个数后，再传下一个队列，以此类推，直到传到第16个队列后，再回过去传第一个队列。CQ除了1～16个队列外，还有一个0号队列，但是0号队列是超级优先队列，路由器总是先把0号队列中的数据发送完后才处理1～16号队列中的数据包，所以0号队列一般作为系统队列，许多IOS不支持手工将指定数据分配到0号队列。在配置1～16号队列时，用户可以配置每个队列同一时间可以占用接口带宽的比例，相当于为不同数据流分配带宽。

4）WFQ是一个基于Weight的公平队列。之所以说WFQ是公平的，是因为WFQ根据数据包的IP优先级来分配相应的带宽，优先级高的数据包，分到的带宽就多，优先级低的数据包，分到的带宽就少，并且所有的数据包在任何时刻都可以分到带宽，这就是它的公平之处。WFQ在根据IP优先级给数据包分配带宽时，是基于流（flow）来分配的。也就是说，每个流的数据包分配相同的带宽，只有不同的流，才可能分配不同的带宽，如果两个流的IP优先级是一样的，那么这两个流分配到的带宽也是一样的。要区分数据包是不是同一个流，需要5个参数（数据包的源IP、目的IP、协议、端口号、会话的socket）完全相同，这样的数据才被认为是同一个流。所以，手工是没有办法将两个不同的数据包划分到同一个流的，而计算数据包是不是同一个流，必须由系统自己计算，不需要人工干预。在配置WFQ时，最好已经将不同的数据设置好不同的IP优先级，否则所有的流得到的带宽都是一样的，没办法保证重要的流量。WFQ根据每个流的IP优先级，将接口的可用带宽分配给每个流。例如，现有4个流，IP优先级分别为0、1、3、5，WFQ将所有流的IP优先级相加，结果为0+1+3+5=9，而9作为分母；然后每个流的IP优先级作为分子，最后得出每个流分配到的带宽如下：优先级为0得到的带宽为0/9，优先级为1得到的带宽为1/9，优先级为3得到的带宽为3/9，优先级为5得到的带宽为5/9，这样就可以依靠流的IP优先级分配相应的带宽了。但是从上面的算法中可以看出，该算法并不可行，因为优先级为0的流得到的带宽为0/9，而0/9就等于0，也就是优先级为0的流得到的带宽为0，那就是没有带宽。大家知道默认所有的数据包的IP优先级恰恰为0，所以为了防止默认的数据包得不到带宽，最后需要将上面的算法重新调整，4个流的IP优先级分别为0、1、3、5，将原来的优先级全部加1，分别为0+1=1、1+1=2、3+1=4、5+1=6，然后将这些值全部相加，结果为1+2+4+6=13，将13作为分母，然后每个流的IP优先级加1后的值作为分子，最后得出每个流分配到的带宽如下：优先级为0得到的带宽为1/13，优先级为1得到的带宽为2/13，优先级为3得到的带宽为4/13，优先级为5得到的带宽为6/13，这样就有效地防止了默认数据包无法分配到带宽的情况，而且又保证了优级先为0的流分到的带宽最少。

注：所有带宽小于或等于E1（2.048 Mbit/s）的接口，默认都启用了WFQ，即使手工更改带宽后，仍无法改变默认队列机制。

5）CBWFQ的工作原理和WFQ是一样的，是基于WFQ的，也是对WFQ的扩展。因为CBWFQ和WFQ原理一样，所以不再介绍计算方式。在接口上配置WFQ之后，系统就会将接口所有可用带宽按每个流的IP优先级公平地分给每一个流，并且接口所有的流都是同时基于接口的全部可用带宽来分配的。CBWFQ要对WFQ进行扩展和优化，就是要为特定的流量划分特定的带宽，让这些特定的流量在分配带宽时，只能从这些划分到的特定带宽中分配，而不是像WFQ一样从接口的全部可用带宽中分配。配置CBWFQ的方法为MQC形式，使用class-map匹配指定的流量，然后使用policy-map为指定的流量划分特定的带宽，这样指定的流量就只能依靠IP优先级从特定的带宽中分配带宽。最后将CBWFQ应用到接口，需要注意的是，CBWFQ只能用在接口的out方向。当划分特定的带宽给某类流量之后，这个带宽是绝对能够为此类流量保证的，而不会被其他流量所抢占。但是如果某类流量超过了被划分的带宽，那么超出的流量将实行尾丢弃。

某个接口的总带宽并不是全部都能被WFQ或者CBWFQ所使用。默认情况下，一个接口能使用的带宽最多不能超过75%，所以接口总带宽的75%才是可用总带宽，保留的25%是不能使用的，但是可用总带宽是可以随意修改的。当配置CBWFQ时，默认没有分配带宽的流量，全部使用保留的25%。在配置CBWFQ时，接口必须处于默认的队列状态下，并且不支持以太网接口的子接口。

注：一个CBWFQ，最多可配置64类数据流。

6）LLQ：在之前的队列技术中，没有办法保证重要的数据能够一直得到服务，并且一直都有足够的带宽，而且还要不阻断其他流量。例如，对延迟和抖动较敏感的语音或视频数据，语音或视频在通信时，需要一直保持足够的带宽，否则就会受到影响，对于这样的情况，就需要一种队列技术能够为特定的数据流保证特定量的带宽。LLQ低延迟队列正是为对延迟和抖动较敏感的语音或视频流量设计的，LLQ为特定的流量划分特定的带宽，划给特定流量的带宽是绝对能够保证的，无论接口有多繁忙，LLQ中的流量是能够优先传送的。但是这些流量的带宽却不能超过所分配的带宽，如果超过了，这些超过的流量只有在拥塞时才会被丢弃。要将特定的流量分配到LLQ中，从而划分绝对保证的带宽，是通过MQC的方式来配置的，并且LLQ可以结合CBWFQ。也就是说，从接口全部可用带宽中划出一部分给LLQ之后，其他带宽还可以分配给CBWFQ中各类数据流。在配置LLQ时，可以像CBWFQ一样使用具体数字，也可以使用百分比。需要注意的是，当从接口全部可用带宽中划走一部分给LLQ之后，剩下的带宽称为保留带宽，可以将保留带宽以百分比的形式分配给CBWFQ中各类数据流。

4．拥塞避免

当网络发生拥塞之后，总是有数据是要被丢弃的。在默认情况下，拥塞之后，接口总是先丢弃最后到达的数据包，而将之前已经到达的先转发，这样当网络中有多种流量出现时，就难免会将重要的流量丢弃，要避免拥塞尽量让某些程序降级带宽而避免拥塞的发生，这些都是拥塞避免（Congestion avoidance）需要做的事情。拥塞避免需要靠以下技术来完成：Tail Drop、WRED。

1）Tail Drop（尾丢弃）是接口的默认行为，当接口发生拥塞后，总是将最后到达的数据包丢弃，直到没有拥塞为止，因为最后到的数据就是引起网络拥塞的主要原因。在使用尾丢弃的情况下，是无法保证重要数据流优先传递的，所以尾丢弃不建议使用，但也无法配置。

2）WRED是基于weight的随机早侦测，其工作思想和WFQ有相同之处，因为WFQ在工作时，是依靠流量的优先级来分配相应带宽的，而WRED却是依靠流量的优先级来分配相应的丢弃概率的。当网络中有多种数据时，在发生拥塞之后，人们总是希望先将优先级较低的、相对不重要的数据丢弃，而优先保证重要数据的传递。WRED正是迎合了人们的这种期望，在网络发生拥塞之后，总是先保证高优先级的重要数据的传递，而丢弃普通的数据。WRED在网络发生拥塞之后，可以根据数据包的DSCP或IP优先级来丢弃数据包，低优先级的数据总是比高优先级的数据先丢，从而保证重要数据的传递。在默认情况下，根据数据包的IP优先级来决定如何丢弃。

虽然WRED是丢弃低0优先级的数据包而保证高优先级的数据包，但是网络拥塞时，并不是总是先丢低优先级的，这是需要靠公式来计算的。其思想为根据各优先级或DSCP设置的阈值，如果某优先级或DSCP的流量总是触及设定的阈值，那么该流量被丢弃的概率也就越大。如果低优先级不经常触及设置的阈值时，则也有不被丢的可能。

在数据包被丢弃之后，如果是TCP流量，则可以调整窗口大小，从而降低速度，但是除TCP之外的其他流量便无能为力了。同时，也只有TCP才能够对丢弃的数据包进行重传，所以在使用WRED时，需要考虑这些问题。

WRED在应用时，只能应用于接口下，或者和WFQ、CBWFQ一起使用。之所以不能和PQ一样的队列同时使用，是因为PQ或LLQ都有自己的保护和丢弃机制，WRED对数据的操作没有太多意义。

7.2 交换机中的QoS实现

交换机上的QoS和路由器上的QoS有很大的区别，交换机能够识别以太网的帧（Frame）。如果交换机的接口是Access模式接口，则收到的帧是本帧（Native Frame），二层的帧中直接封装着IP数据包，在IP包的头部带有IP优先级或者DSCP。如果交换机的接口是Trunk模式接口，则收发的帧是IsL或者IEEE 802.1q封装的帧，这样的帧中头部有一个3bit

的字段称为CoS（Class of Service），CoS也是用于QoS的。因为Trunk上的帧有了CoS，而IP头部还有ToS，所以在对帧或者IP包做分类和标记时既可以使用CoS，也可以使用ToS，问题变得灵活而复杂。

对于L3交换机软件QoS的实现，首先应该给出一个参考模型，而这个模型要求是通用的、成熟的。下面将对QoS进行介绍。

IP的数据传送规范，只针对发送端和接收端的地址和服务等做出规定，并且利用OSI四层以上的协议（如TCP等）来确认数据包的传送正确无误。但是，IP没有提供和保护传输数据包的带宽服务，而是以尽力而为（Best Effort）的方式来提供带宽服务。

该种方式对于Mail以及FTP等服务尚可以接收，但是对于越来越多的多媒体业务数据和电子商务数据的传输，则无法满足这些应用需要的带宽和低延迟要求。

QoS并不能产生新的带宽，但是它可以将现有的带宽资源做一个最佳的调整和配置，完整地应用QoS，可以对网络的数据传输做到完全的控管。基于差别化服务的QoS在网络的入口指定每个数据包的优先级别，这些分类信息被携带在L3的IP包头或者L2的802.1q帧头中。QoS对于相同优先级别的数据包提供相同服务，而对不同级别的数据包则提供不同的操作。支持QoS的交换机或路由器可以根据数据包的分类信息，为其提供不同的带宽资源，并且可以根据配置的监管策略来重写这些数据包携带的分类信息，甚至在带宽紧张时丢弃某些低级别的数据包。如果在一个网络中，每一跳的设备都支持基于差别化服务的QoS，那么就可以构建一个端到端的QoS解决方案。QoS的配置是很灵活的，可以很复杂，也可以很简单，这一切都依赖于实际的网络拓扑和网络设备，以及对网络出入流量种类和数量的分析。

QoS的基本模型分为5个部分：Classification（分类）、Policing（监管）、Mark（重写）、Queueing（整形）和Scheduling（排程）。其中，分类、监管和重写是顺序执行的QoS的入口行为，整形和排程是QoS的出口行为，如图7-6所示。

1）分类：通过检查数据包的分类信息，来区别不同的流量，并且根据数据包的分类信息生成内部DSCP值。对于不同类型的数据包和不同的交换机配置，分类有不同的处理方式，具体情况如图7-7所示。

2）监管和重写：在入口的流量经过分类，并且每个数据包都被分配了一个内部DSCP值以后，就可以进行监管和重写。

监管行为可以基于DSCP值配置不同的监管策略，为分类后的流量分配带宽。如果流量超过了监管策略规定的带宽，则称为out profile，否则称为in profile。对于out profile的流量可以选择通过、丢包、重写3种处理方式；重写行为即用一个新的优先级别较低的DSCP值来代替数据包原有的级别较高的DSCP值，也称为Marking Down。监管和重写的具体流程，如图7-8所示。

3）整形和排程：出口的数据包会将其携带的内部DSCP值重新映射成CoS值，整形行为根据数据包的CoS值将其分配到不同的优先级队列中；而排程行为则根据配置的优先级队列权重来进行数据包转发服务。整形和排程的具体情况如图7-9所示。

第7章 园区网服务质量

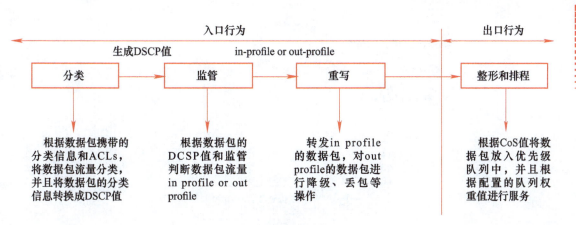

图7-6 QoS基本模型

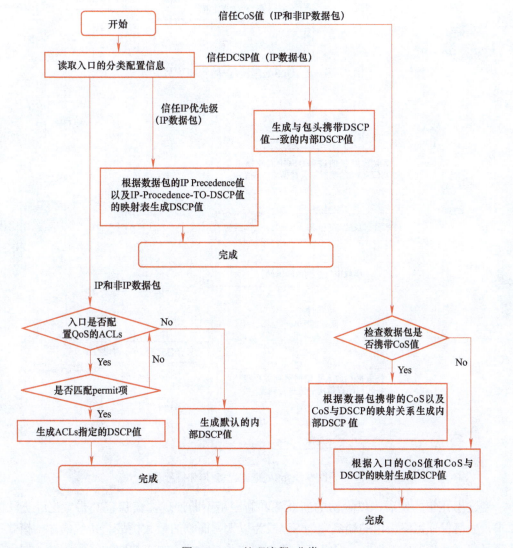

图7-7 QoS处理流程-分类

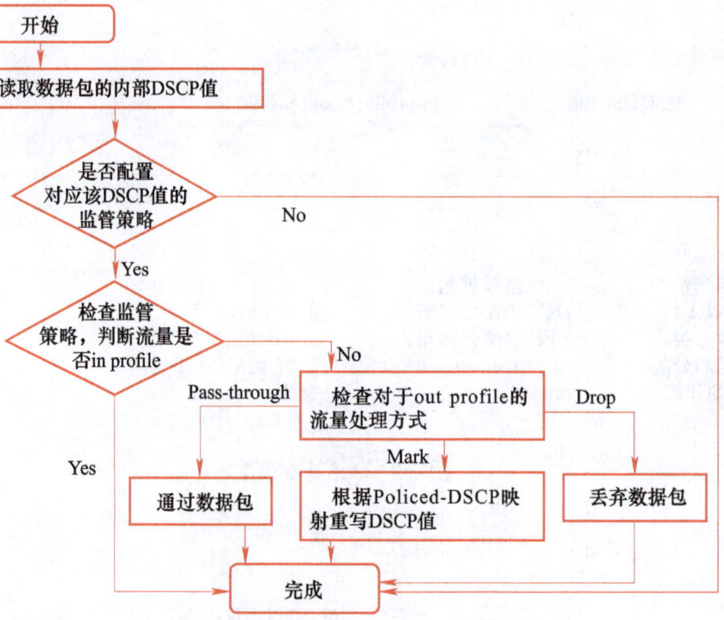

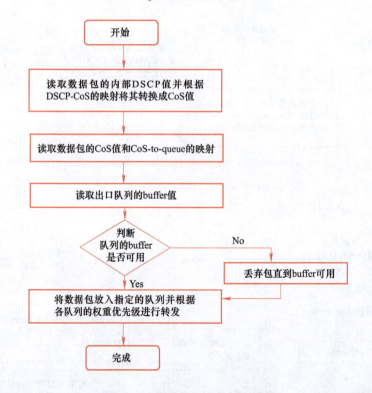

图7-8 QoS处理流程-监管和重写

图7-9 QoS处理流程-整形和排程

经过十几年的发展，以太网的新业务和新应用不断涌现，仅保证高带宽已经无法满足要求，如何保证网络应用的端到端QoS已成为以太网面临的最大挑战。传统的建网模式已无法满足现有业务的QoS要求，网络应用迫切要求设备对QoS的支持向边缘层和接入层发展。

在过去，高QoS意味着高价格，但是ASIC技术的发展使具备强大QoS能力的低端设备出现成为可能。目前，网络边缘设备已经可以根据端口、MAC地址、VLAN信息、IP地址甚至更高层的信息来识别应用类型，为数据包打上优先级标记（如修改IEEE 802.1p、IP DiffServ域），核心设备不必再对应用进行识别，只需根据IP DiffServ、IEEE 802.1p进行交换，提供相应的服务质量即可。

许多以太网交换机现在都支持以太网优先级位。可以找到各种排队算法，包括最常见的严格优先级队列和加权轮循队列。在较好的实现方案中，为每个QoS优先级保证一定的最小带宽。一般来说，这样的实现将使得未在使用的任何被QoS机制保证的带宽可以被其他的QoS值所使用。由于802.1p实现方案支持的排队方式有很多种，因此设备可以变化的种类很多。尽管IEEE标准规定了8个不同的优先位值，但是并不是所有以太网设备都为每个端口支持全部8个排队。实现802.1p规范的某些设备每个端口支持8个队列；某些设备则每个端口仅支持4个队列，甚至每个端口仅支持两个队列。在实践中，每个端口至少需要支持3个队列，才能为实际运行网络中的用户业务支持两种不同的QoS服务，当然每个端口8个队列最为理想。

此外，某些以太网设备将分析入口上的优先位标记，并使用这些优先级信息协调对交换机背板的访问，帮助保证优先级高的业务可以更优先地访问交换机背板。相比之下，某些其他设备则没有这些功能，在这种情况下，优先级较低的业务可能会延迟于优先位较高的业务。

7.3 QoS配置

1. 交换机配置

支持QoS的交换机可以读取IP数据包里的二层和三层Quality of Service（QoS）信息，并根据这些信息选择相应的转发队列。除此之外，交换机还可以修改数据包的QoS优先级信息，使下一跳设备可以使用修改过的QoS优先级信息。QoS处理流程如图7-10所示。

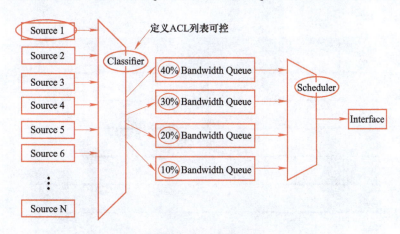

图7-10　QoS处理流程

基于ToS的QoS提供以下两种方式：基本型和增强型。

1）基本型：当激活基于ToS的QoS时，交换机将数据包的DSCP值映射成内部转发优先级，并根据内部转发优先级将数据包发送到相应的硬件转发队列中。

2）增强型：除了激活交换机全局支持基本型基于ToS的QoS，还可以在某个端口激活增强型基于ToS的QoS。利用这种方式，可以指定某一端口接收到的数据包的信任级别和标记。信任级别定义了哪种QoS信息将被使用。标记是为下一跳设备改变数据包的QoS信息的条件。

基本型和增强型的基于ToS的QoS将数据包的QoS信息映射成内部转发优先级。内部转发优先级又会被映射成4种硬件转发队列中的一种（qosp0、qosp1、qosp2、qosp3）。在转发过程中，数值大的队列享有更高的优先级，转发更多的数据包。ToS字段的IP数据包格式如图7-11所示。

执行基于ToS的QoS涉及以下3个步骤：分级、标记、排队。

（1）分级

分级是选定用于执行QoS操作和读取数据包QoS信息的过程。一个数据包可以有多种QoS的信息。端口上的信任级别决定了交换机使用什么种类的QoS信息来执行QoS操作。信任级别可以使用以下3种方式中的一种：

1）二层CoS（Class of Service）：以太帧中的802.1p优先级。优先级的值的范围是0～7。802.1p优先级也被称为Class of Service（CoS）。802.1p封装与802.1q封装示意图如图7-12所示。

2）三层IP优先级：IP包头8位ToS字段中最高的3位值。它的取值范围是0～7。IP优先级字段示意图，如图7-13所示。

3）三层DSCP：IP包头8位ToS字段中最高的6位值，也被称为DiffServ值。它的取值范围是0～63。DSCP字段示意图，如图7-14所示。

基本型基于ToS的QoS默认状态下使用三层DSCP信任级别和802.1P进行标记。使用其他信任级别和标记方式需要进行配置。

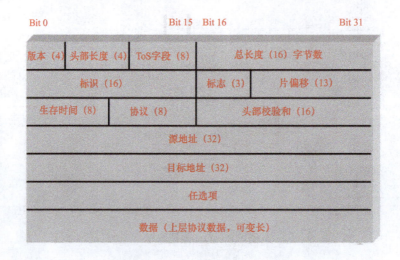

图7-11　IP数据包格式-ToS字段

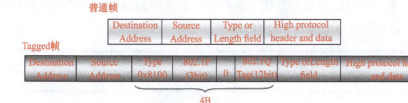

图7-12　802.1p封装与802.1q封装示意图

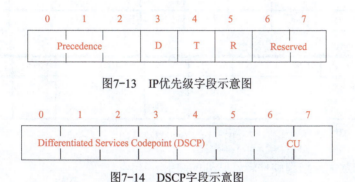

图7-13　IP优先级字段示意图

图7-14　DSCP字段示意图

（2）标记

标记是改变数据包的行为，目的是让下一跳设备可以根据标记的优先级进行QoS动作。例如，可以将一个从不支持DiffServ的设备发来的数据包的IP优先级值转换成DSCP值，再将其转发。可以标记数据包的二层CoS值或三层DSCP值，或者两者同时标记。标记的值与将数据包的QoS值映射成二层CoS值或三层DSCP值相同。

标记功能默认是关闭的。在关闭状态下，交换机仍会执行分级操作，但转发时不改变其QoS值。

（3）排队

排队是根据数据包的QoS信息将数据流按照不同的优先级映射到内部转发队列，再将内部转发队列转化成硬件转发队列进行转发。神州数码交换机将数据包的QoS值映射成CoS和QoS值，再将这个值映射成内部转发队列，之后根据内部转发队列映像将数据包放置到相应的硬件转发队列中。

使用如下映射方式进行排队：

1）CoS到DSCP。

2）IP优先级（IP Precedence）到DSCP。

3）DSCP到DSCP。

4）DSCP到内部转发优先级。

前3种映射方式同分级中所描述的一样，可以做DSCP标记。符合条件的QoS数据包（CoS、IP Precedence、DSCP）被映射成DSCP值，数据包也可以用DSCP值进行标记。第4种映射方式是用来将前3种映射的结果转换成可以用于选择交换机硬件转发队列的值。

2. 默认的QoS映射

交换机将收到数据包CoS值，IP优先级值或DSCP值转化成DSCP值，再将DSCP值映射成内部转发优先级，并根据内部转发优先级将数据包发送到相应的硬件转发队列中和对数据包进行标记。优先级值范围如图7-15所示。

802.1p	0	1	2	3	4	5	6	7
DSCP value	0	8	16	24	32	40	48	56

IP 优先级	0	1	2	3	4	5	6	7
DSCP value	0	8	16	24	32	40	48	56

DSCP value	0~7	8~15	16~23	24~31	32~41	40~47	48~55	56~63
内部转发优先级	0	1	2	3	4	5	6	7

图7-15 优先级值范围

（1）内部转发优先级到硬件转发队列的映射

内部转发优先级被映射成下列4种硬件转发队列中的一种。

1）qosp3：最高优先级队列。

2）qosp2：次高优先级队列。

3）qosp1：第三高优先级队列。

4）qosp0：尽力而为的（最低）优先级队列。

内部转发优先级与硬件队列的映射如图7-16所示。

Internal Forwarding Priority	0	1	2	3	4	5	6	7
Forwarding Queue	qosp0	qosp0	qosp1	qosp1	qosp2	qosp2	qosp3	qosp3

图7-16 内部转发优先级与硬件队列的映射

（2）启用基本型基于ToS的QoS

switch(config)# port-priority

switch(config)# write memory

switch(config)# end

上述命令在所有端口启用基于ToS的QoS。

（3）启用增强型基于ToS的QoS

switch(config-if-1/1)# qos-tos

该命令在某端口启用基于ToS的QoS

（4）指定信任哪种QoS信息

switch(config-if-1/1)# qos-tos trust ip-prec dscp

可选参数cos | ip-prec | dscp

（5）启用标记功能

switch(config-if-1/1)# qos-tos mark cos

可选参数CoS | DSCP

给ACL设置QoS：

把符合ACL的包放置到相应的硬件转发队列

使用 ACL 标记 ToS值

switch(config)# access-list 110 permit ip any any priority 2
switch(config)# interface 1/1
switch(config-if-1/1)# ip access-group 110 out
switch(config)#ip rebind-acl all

The priority 0 | 1 | 2 | 3 parameter specifies the QoS queue:

0 – qosp0

1 – qosp1

2 – qosp2

3 – qosp3

（6）使用ACL标记ToS值

把符合条件的ACL条目标记新的ToS值：

switch(config)# access-list 120 permit ip any any dscp-marking 5
switch(config)# interface 1/1
switch(config-if-1/1)# ip access-group 120 in
switch(config)#ip rebind-acl all

dscp-marking取值范围是：0～63

7.4 本章小结

- 衡量服务质量的主要标准有带宽、延迟、丢包率和抖动等。
- 接口常见队列有FIFO、PQ、CQ、WFQ、CBWFQ和LLQ。
- 通过优先级映射表在交换机上控制数据包的本地优先级和丢弃优先级，从而控制数据包所进入的队列。

7.5 习题

（1）与数据业务相比，语音和Video业务更注重于（   ）。

    A．延迟　　　　B．抖动　　　　C．吞吐量　　　　D．可靠性

（2）IP报文头中的ToS字段共_____bit，提供了_____个优先级和_____个DSCP值。

（3）WFQ队列的优点有（   ）。

    A．配置简单、易于应用　　　　B．系统开销小、效率高

    C．对小报文的发送有利　　　　D．高优先级的报文可以分配到更多的带宽

（4）WFQ队列散列时，如果出现资源不足，优先级不同的报文可能会被分配到同一个队列中（   ）。

    A．True　　　　　　　　　　B．False

（5）对于交换机来说，拥塞管理就是对本地队列的调度管理过程（   ）。

    A．True　　　　　　　　　　B．False

第 8 章 IP组播

IP组播技术实现了数据在IP网络中点到多点的高效传送，能够节约大量网络带宽、降低网络负载。通过IP组播技术可以方便地在IP网络之上提供一些增值业务，包括在线直播、网络电视、远程教育、远程医疗、IP监控、实时视频会议等对带宽和数据交互的实时性要求较高的信息服务。

内容提要

本章对比了组播和单播、广播的不同，并介绍了组播的体系架构和组播模型。
本章的学习目标如下：
➢ 了解组播的概念、组播的优缺点及其典型应用。
➢ 了解组播管理协议和组播路由协议的功能和相应规范。
➢ 掌握在多层交换设备中配置组播路由协议，使组播数据顺利传送到目的地。

8.1 IP组播简介

1. 组播基本概念

在当前的IP网络中，节点之间的通信通常采用点到点的方式，即在同一时刻，一个发送源只能发送数据给一个接收者，这种通信方式称为单播。单播是指某台主机将数据包发向另一台主机时，需要在数据包的IP报头的目的IP位置写上那台主机的IP地址，再将数据包发出去，这个数据包发出去后，只有那台主机才能收到并且打开，而其他主机是不能收到和打开的。如果还想发送数据包给其他的主机，就需要为数据包重新写上其他主机的IP地址，然后发出去。要将数据包发给几台主机，就需要为每个独立的数据包写上相应的目标IP地址。一个数据包包含一个特定的目标IP地址，并且这个数据包只能由相应的某台主机接收并且查看，这样的数据包称为单播。

单播虽以其简洁、实用的通信方式在IP网络中得到了广泛使用，但是当一台主机要将同一份数据发送给多台主机时，如果使用单播的传送方式，那么需要将这份数据包复制多份且封装上不同的主机IP地址，再发给这些主机。因为目的主机IP地址不同，所以一份数据就会复制多份出来并分别发给不同的主机。这样一份数据有多少个接收者，就会产生多少份数据，无形中增加了网络链路及设备的负担，而这些具体的数据却是一样的，等于在一条链路上传递多份相同的数据，增加了不必要的带宽占用和设备资源的使用。

若使用广播来发送数据包，则目标IP为广播地址的数据将被网络中的每台主机接收并查看。主机将一份数据发给多台主机时，源主机只需要发送一份数据即可，而这份数据也只要在链路上传递一次即可。这样相对于单播传递形式来讲，广播传递方法确实可以减少多份相同的数据对主机资源的占用及带宽资源的浪费。同时存在严重的问题，首先这种传递的方法没有明确的目的，所以主机不管是否是接收者，是否需要这份数据，都需要接收和处理这个数据包，无形中占用了非接收者主机的资源，和一些没有接收者链路的占用，如果是一些安全性的数据，还会造成信息泄露。广播传递的形式只局限于同一个网络，不能穿越路由器。

总体来说，在网络通信的需求上，当需要将一份同样的数据发送给多台主机（如数字电视、视频会议等应用），使用广播和单播两种传递形式时，会存在如下特点：

➤ 在使用单播的情况下，主机需要为每个接收者重复发送单播数据，如果接收者数目过多，那么数据源就需要多次发送而承受巨大的压大，并且相同数据对链路和设备转发资源有较大的占用。在低带宽的链路上，也会成为潜在的瓶颈，如果数据对时延比较敏感，还会造成延迟。其优点是可以穿越网络，只有接收者接收。

➤ 在使用广播的情况下，数据源只需要将同一份数据发送一次，但是负担却转移到了网络中的其他主机，因为不管想不想接收这个数据，都必须接收；并且广播是不可跨越路由器的，如果接收者在远程网络，将会造成数据丢失的情况。其优点是数据源只发一次，链路只传一次。

从上面的结论中可以看出，当需要将一份同样的数据发送给多台主机时，虽然使用单播可以跨越路由器，但是需要将同一份数据发送多次，不切实际；而使用广播只需要发送一次数据，但是却让网络中每个人都接收数据，并且数据不能穿越路由器，导致远程网络收不到数据，所以也不可行。针对点到多点的通信需求，有没有一种通信技术，可以满足对于通信源只发一次，对于链路只传一次且可以穿越网络，只有接收者才能接收的通信需求？考虑到这些因素，便开发出了一种新的数据传输方式，这样的传输方式结合了单播和广播的优势，即将一份数据发出去后，这样的数据可以同时被多台主机接收，并且数据可以穿越路由器，从而被路由到远程网络，这样的数据就是组播（Multicast）。组播数据发出去后，可以只被一组特定的主机接收，而不想接收的主机是收不到的，组播还可以被路由器转发到远程网络，前提是路由器必须开启组播功能。在组播中，想要接收组播的主机被称为组员（或组成员）。

利用组播技术可以方便地提供一些新的增值业务，包括在线直播、网络电视、远程教育、远程医疗、网络电台、实时视频会议等对带宽和数据交互的实时性要求较高的信息服务。从组播、单播和广播的对比中可以总结出组播的优点：

➤ 组播可以增强报文发送效率，控制网络流量，减少服务器和CPU的负载。
➤ 组播可以优化网络性能，消除流量冗余。
➤ 组播可以适应分布式应用，当接收者数量变化时，网络流量的波动很平稳。

由于组播应用基于UDP而非TCP，因此决定了组播应用存在UDP相应的缺点：

➤ 组播数据基于Best Effort（尽力而为）发送，无法保证语音、视频等应用的优先传输。
➤ 当报文丢失时，采用应用层的重传机制无法保证实时应用的低延时需求。
➤ 不提供拥塞控制机制。当网络出现拥塞时，无法为高优先级的应用保留带宽。
➤ 无法实现组播数据包重复检测。当网络拓扑发生变化时，接收者可能会收到重复的报文，需要应用层去剔除。

➢ 无法纠正组播数据包乱序到达的问题。

组播技术主要应用在多媒体会议、IP视频监控、实时数据组播、游戏和仿真等方面。在组播体系架构中，相对于单播来讲比较复杂，实现组播必须考虑的问题如图8-1所示。

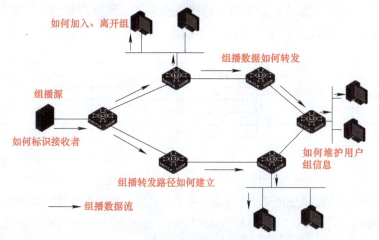

图8-1 组播技术需求

➢ 因为组播的接收者是数目不定的一组接收者，无法像单播一样使用主机IP地址来进行标识，所以首先要解决如何在网络中标识一组接收者。
➢ 如果实现了对组的标识，还需要解决接收者如何加入和离开这个组，路由设备如何维护组成员信息。
➢ 组播接收者可能分散在网络中的任何角落，那么组播源和组播接收者之间的转发路径基于什么模型，组播数据如何在路径上转发。
➢ 组播数据转发路径如何建立和维护。

上述技术需求通过组播架构中的一些重要机制来实现，包括组播地址、组播组管理协议、组播分发树模型、组播转发机制和组播路由协议。

2．IP组播地址

组播通信中使用组播地址来标识一组接收者，使用组播地址标识的接收者集合称为组播组。组播地址即为IANA定义的D类IP地址空间。

（1）D类IP地址

IANA把D类空间分配给IP地址。该空间的地址用二进制表示时的格式如下所示，将IP地址的第一个字节8位组中的4位用1110表示。因此，组播地址的范围从224.0.0.0～239.255.255.255。

| 1110xxxx | xxxxxxxx | xxxxxxx | xxxxxxxx |

（2）组播地址分配

IANA控制着IP组播地址的分配。其中，从224.0.0.0～224.0.0.255的地址段被预留，用于局部链路，不会被路由器转发。下面列举了部分地址，以及指定地址的网络协议。

在组播通信中，需要两种地址：一个IP组播地址和一个Ethernet组播地址。其中IP组播地址标识一个组播组。由于所有IP数据包都封装在Ethernet帧中，因此还需要一个组播

Ethernet地址。为使组播正常工作，主机应能同时接收单播和组播数据，这意味着主机需要多个IP和Ethernet地址。

IP地址方案专门为组播划出一个地址范围，在IPv4中为D类地址，范围是224.0.0.0～239.255.255.255，并将D类地址划分为局部链接组播地址、预留组播地址、管理权限组播地址；在IPv6中为组播地址提供了许多新的标识功能，如图8-2所示。

域	值	含义
Flags	0000	永久组播地址
	0001	动态组播地址
Scope	0001	本地节点
	0010	本地链路
	0101	本地网点
	1000	本地组织
	1110	全局组播地址
	其他	保留或未指定

IPv4组播地址格式

| 1 1 1 0 | 组标识符 |

IPv6组播地址格式

| 11111111 | flags | scope | 组标识符 |

图8-2　IPv4与IPv6组播地址

- 局部链接地址：224.0.0.0～224.0.0.255，用于局域网，路由器不转发属于此范围的IP包。
- 预留组播地址：224.0.1.0～238.255.255.255，用于全球范围或网络协议。
- 管理权限地址：239.0.0.0～239.255.255.255，组织内部使用，用于限制组播范围。
- 224.0.0.1所有主机。
- 224.0.0.2所有路由器。
- 224.0.0.4 DVMRP路由器。
- 224.0.05 OSPF路由器。
- 224.0.0.6 OSPF指定路由器。
- 224.0.0.9 RIPv2路由器。
- 224.0.0.13 PIMv2路由器。

（3）组播MAC地址

组播组地址到以太网地址的转换，如图8-3所示。

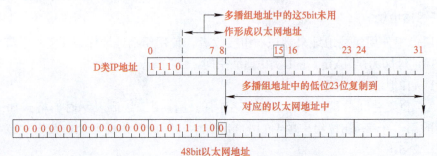

图8-3　组播地址到以太网地址的转换

说明：将IP组播地址中低23位取代以太网组播地址01:00:5E:00:00:00的低23位，在映射过程中，组播IP地址中有9位不参与替换。作为D类地址，前4位肯定是1110，实际只有5位是真正不参与映射。由于5位总共有32种不同组合，所以映射并不具有唯一性。

3. 二层组播地址

一个IP数据包要在网络中传送，必须依照OSI七层模型由上至下封装，如先封装TCP或UDP端口号，然后封装IP地址（如果是组播数据包，那么目标IP为组播地址），最后再封装数据链路层地址，如果介质是以太网，那么就需要封装MAC地址。当一个数据包为组播数据时，这个数据包将被多台主机接收，所以数据包的MAC地址不能为某台主机的真实MAC地址，这时就需要根据组播IP地址来封装一个拥有对应关系的组播MAC地址。因为这个组播MAC是与组播IP地址对应的，且不是主机的真实MAC地址，所以能够被多台主机接收到。

组播的MAC地址和组播IP地址拥有对应关系，也就是说，组播MAC地址是根据组播IP地址计算得到的。一个MAC地址为48bit，使用十六进制表示，组播MAC地址的前面24bit定为01 00 5E，第25bit固定为0，而剩下的23bit则使用组播IP地址后23bit填充，如图8-4所示。

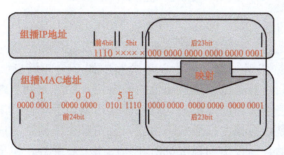

图8-4 组播IP地址与MAC地址映射关系

8.2 组播成员协议

1. IGMPv1

解决了如何标识组播组的问题，还需要考虑接收者怎样加入组播组，如何维护组播组以及由谁来维护组播组等问题。在组播架构中使用组播组管理协议来实现上述需求。

IGMP（Internet Group Management Protocol，互联网组管理协议）的主要功能是管理组播组成员的信息，向组播路由协议提供组播组成员的信息，以便组播路由协议决定是否要转发IP组播报文。

IGMP是TCP/IP的标准之一，它的协议号为2，所有接收IP组播的机器（包括主机和路由器）都需要IGMP的支持。类似于ICMP，IGMP也使用IP数据报来携带并传输报文，但应该把IGMP视为IP整体的一部分，而不是一个独立的协议。

IGMP是一种不对称的协议，所谓"不对称"是指它包含IGMP Host端协议和IGMP Router端协议两部分内容，而且这两部分协议规定的处理流程相差比较大。其中，Host端协议规定了IGMP主机加入特定组播组以及接收到组播路由器的查询报文后的处理流程；而Router端协议规定了运行IGMP的组播路由器怎样获得与它相连的网络中的组播组成员信息，以及组播路由器怎样和IGMP主机进行交互的过程。

自从IGMP被提出以来，至今已有3个版本的IGMP，它们对应的RFC分别为RFC 1112、

RFC 2236和RFC 3376。下面分别简要介绍这3个版本的IGMP的基本处理流程和主要特点。

IGMP主要用来支持主机和路由器进行组播，它让一个物理网络上的所有系统知道主机当前所在的组播组。组播路由器需要这些信息以便知道组播数据包应该向哪些接口转发。

IGMP被当作IP层的一部分。IGMP报文通过IP数据报进行传输。IGMP有固定的报文长度，没有可选数据，如图8-5所示。这是IGMPv1的报文，类型为1说明是由组播路由器发出的查询报文，为2说明是主机发出的报告报文。

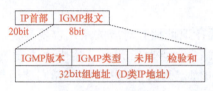

图8-5　GMPv1的报文

（1）加入一个组播组

组播组管理协议是运行于主机和路由器之间的协议。因为组播路由器之间需要建立组播分发树（即组播数据的路径树），所以每个路由器必须知道自己该接收哪些组播数据流，以便通知上游的路由器若有该组播地址的数据流，则转发到本地来。路由器必须了解自己下联的用户是哪些组播组的用户。这时就需要组播组管理协议来实现了。组播组管理协议存在的主要目的是让组播主机通知路由器自己是哪个组播组的成员，以便路由器能够接收并转发该组播组的数据报文到该主机所在的网络上。另外，组播路由器也能够知道自己需要接收哪些组播报文的信息，因为用户主机通过组播组管理协议告知自己了。组播组管理协议的工作机制包括成员加入和离开组播组、路由器维护组播组、查询器选举机制，以及成员报告抑制机制。

组播路由器是如何知晓下联的主机属于哪个组播组的用户？其实，组播路由器是通过周期性地发送查询报文，询问网段上是否有组播接收者。如果网段上有主机希望接收某个组播组的数据，则主机会向路由器回复成员报告报文，报告自己想要接收哪个组播组的数据。路由器收到主机发送的成员报告报文后，会为主机请求加入的组播组建立一个表项，表示该组播组在该网段有成员。

当主机需要接收某个组播组的数据时，也可以不必等待路由器发送查询报文，而直接发送成员报告报文请求加入某个组播组。同样，路由器收到成员报告报文后，会更新组播组信息。当主机不再需要接收某个组播组的数据时，主机可以发送离开消息通知路由器离开该组播组，路由器会通过查询机制判断网段上该组播组是否有其他成员存在。如果还有其他成员存在，则路由器继续维护该组播组；如果没有成员存在，则路由器会将该组播组信息删除，此后路由器不再将该组播组的数据转发到该网段。

（2）IGMP报告和查询

组播路由器使用IGMP报文来记录与该路由器相连网络中组成员的变化情况。使用规则如下：

> 当某个组播应用进程加入一个组时，主机就发送一个IGMP报告。如果一个主机的多个进程加入同一个组，则只发送一个IGMP报告。这个报告被发送到进程加入组

所在的同一接口上。
- 进程离开一个组时，主机不发送IGMP报告，即使是组中最后一个进程离开。主机知道自己的应用进程没有一个进程需要某个组播组的数据时，在随后收到的IGMP查询中就不再发送报告报文。
- 组播路由器定时发送IGMP查询来了解是否还有任何主机包含有属于组播组的进程。组播路由器必须向每个接口发送一个IGMP查询。因为路由器希望主机对它加入的每个组播组均发回一个报告，所以IGMP查询报文中的组地址被设置为0。
- 主机通过发送IGMP报文来响应一个IGMP查询，只要主机有一个进程还需要某个组播数据时，就会响应报告报文。

如图8-6所示，使用这些查询和报告报文，组播路由器对每个接口维护一个表，表中记录接口上至少还包含一个主机的组播组。当路由器收到要转发的组播数据报时，它只将该数据报转发到（使用相应的组播链路层地址）还拥有属于那个组主机的接口上。

图8-6　查询及报告

（3）IGMPv1功能实现细节
- 加入一个组，当一台主机想要加入一个组播组时，该主机发送一个成员报告消息到组播地址：224.0.0.2，而不必等待一个查询消息。当这个网段上没有该组的其他成员存在时，这个主动的申请为末端系统降低了加入的延迟。
- 一般查询：IGMPv1本身没有正式的IGMP查询路由器选择程序。这些程序被留给组播路由选择协议，不同的协议采用不同的技术。组播组路由器向主机成员发送查询消息以找出其所连接的本地网络上哪些主机组拥有成员。一般查询发往由所有主机组成的组播组地址：224.0.0.1，其TTL值为1。
- 维护一个组播组：为确认某给定网段上组成员的存在，路由器定期向由所有主机组成的组播组地址224.0.0.1发送IGMPv1查询消息，每组只有一个成员通过报告消息对查询消息进行回应，这种方法被称为"回应逆制"。这种做法节省了该网段的带宽和主机的处理开销。
- 离开一个组：IGMPv1中没有定义特殊的离开技术。IGMPv1主机不需要给路由器发送任何通知就可以在任何时间被动地或悄悄地离开一个组。组播路由器通过定期发送IGMP查询以更新它们对于在每个网络接口上所存在的组成员的了解。如果路由器在一定数量的查询消息后没有接收到来自某个组任何成员的报告消息，那么路由器将认为在这个接口上已经没有该组的成员存在。

在没有任何组播路由器的单个物理网络中，仅有的IGMP通信量就是在主机加入一个新的组播组时，支持IP组播的主机所发出的报告。

（4）报告抑制功能

组播路由器只需要知道自己的下联用户存在即可，所以当组播路由器发送查询消息时，只需要一台主机回复报告报文即可，没有必要所有的主机均回复，若都回复可能造成不必要的资源浪费。所以，IGMP通过成员报告抑制功能实现该过程。当主机接收到查询消息时，它将为其所属的每个组播组启动一个递减计时器。这些递减计时器每次被初始化为给定时间范围内的一个随机数。在IGMPv1中，这是一个10s的固定范围。因此，递减计时器被随机地初始设置为从0~10s之间的某个值。

当递减计时器到达0时，主机将为与该递减计时器相关联的组播组发送一个成员报告消息，以通知路由器这个组播组仍然是活跃的。如果主机在与某个组播组相关联的递减计时器到达0之前接收到了该组的其他成员报告消息，那么主机将取消这个与组播相关联的递减计时器，从而抑制了主机自己的报告消息。

报告抑制技术是按照下面的步骤来完成的，如图8-7所示。

➢ 组播路由器（W）先发出一个成员查询消息给一个相关联的组播组，假定有一个成员（主机A）先收到该查询，它将为每个其所属的组播组启动一个递减计时器，这些递减计时器每次被初始化为给定时间范围内的一个随机数。在IGMPv1中，这是一个10秒的固定范围。因此，递减计时器被随机地初始设置为0~10s的某个值；

➢ 在主机A发送成员报告给路由器W之前，先查询递减计时器的值是否为0；

➢ 如果主机A检查到递减计时器的值为0时，主机将为与该递减计时器相关联的组播组发送一个成员报告消息，以通知路由器这个组播组仍然是活跃的；

➢ 如果在主机A的递减计时器到达0之前，路由器W接收到了该组其他成员的报告（该成员的递减计时器的值先为0）消息，那么主机将取消这个与组播相关联的递减计时器，从而逆制了主机自己（主机A）和组播组中其他所有成员的报告消息；

➢ 当路由器W收到一个成员报告消息后，马上取消该递减计时器，以便下一个周期路由器W重新查询成员。

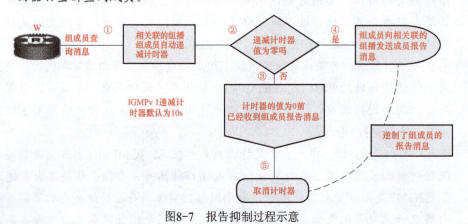

图8-7 报告抑制过程示意

2. IGMPv2

IGMPv2与IGMPv1具有相同的功能，具有相同的数据包，但也有不同的数据包。在

第8章 IP组播

IGMPv1和IGMPv2之间大多数的变化主要是为了解决离开和加入的时延问题，以及在原始协议规范中的地址模糊问题。

IGMPv2对前一版本做了一些改进，包括对特定组查询的定义，如图8-8所示。这种类型的消息使路由器可以将一个特定的查询消息发送给一个特定的组播组。在IGMPv2中，还定义了一个离开组的消息，降低了离开时延，图8-8给出了IGMPv2的数据包格式域。

IGMPv2数据包格式

	7	15	31
类型	最大回应时间		校验和
组地址			

域名	值
类型	0×11=成员查询 0×12=版本1成员报告 0×16=版本2成员报告 0×17=脱离通告
最大回应时间	10s=默认值。只在成员查询中才有定义。规定在发送回应报告之前的最大延迟时间，它以1/10s为单位。0=所有其他消息
校验和	计算方法与IGMP校验和的计算方法相同
组地址	在一般查询消息中为0 在特定组查询消息中为被查询的组地址 在报告消息中为组播组地址

图8-8 IGMPv2数据包格式

与IGMPv1一样，IGMPv2主机加入一个组时不必等待一个查询消息。当一台主机想要加入一个组播组时，该主机发送一个主机成员报告消息到所有路由器组成的组播地址：224.0.0.2。

当主机想要加入一个组播组时，主机发送一个IGMP加入消息。如果主机和服务器属于不同的子网，则加入消息必须发往路由器。当路由器接收到该消息时，它将查看它自己的IGMP表：如果网络号不在表中，路由器就将IGMP消息中包含的信息添加上。通过查询消息和报告消息，组播路由器建立了一个详细描述路由器的哪些接口在组播组中有一台或多台主机的表。当路由器接收到一个组播数据报时，它将数据报只转发到那些有属于那个组的主机的接口上。

注：加入和离开组播组并不能反映主机的加入和离开。它更准确地反映了子网的加入和离开组播组。

在IGMPv2中，LAN分段上IP最低的组播路由器被选为组播查询者。最初，网段上的每台路由器都认为它自己是每个启用了组播功能的接口上的查询者。当路由器第一次启用组播功能时，它就开始发送查询消息。如果路由器随后在某个接口上检测到来自其他有更低IP地址路由器的查询消息，则它将停止在那个接口上作为查询者。

（1）IGMPv2：查询者选择

查询回应间隔时间被添加到了IGMPv2中，以控制报告消息的突发。这个值在查询消息中被设置以通告组成员，它必须在该时间间隔内对查询消息进行回应。

特定组查询消息也被添加到了IGMPv2中，以让路由器可以只为某一个组，而非所有组查询成员身份。这是一种比较优化的可以快速找到某组成员的方法，因为它不需要所有组播组。

特定组查询和一般查询的区别是：一般查询将被组播发送到由所有主机组成的组播地址224.0.0.1；而对于某个组（如组W）的特定查询将被组播到组W所对应的组播地址。

（2）IGMPv2：维护一个组播组

与IGMPv1一样，IGMPv2路由器定期发送成员查询消息到由所有主机组成的组播地址224.0.0.1，每个组只有一个成员对该查询回应一个报告消息。所有其他组成员禁止发送它们的成员报告消息。

当成员接收到一个一般查询消息时，它将为其所属的每个组播组（除224.0.0.1）设置延迟计时器。根据主机上可用的最高时钟间隙，每个计时器都被初始设置为不同的随机数值。

当主机接收到一个特定组查询时，如果主机是这个组的成员之一，那么它将为这个正在被查询的组设置一个初始值为随机数的延迟计时器。如果用于这个组的计时器已经在运行中了，那么只有当要求的最大回应时间少于该计时器的剩余时间值时，计时器将被重新设置为随机数值。当组计时器到时后，主机将向该组组播一个版本的成员报告消息，IP报头中的TTL值被设为1。

（3）IGMPv2：离开一个组

离开组消息也被添加到了IGMPv2中。末端站点不论什么时间想要离开一个组，主机都可以发送一个离开组消息到所有路由器组成的组播地址：224.0.0.2，消息中的组域指明要离开的组。这使末端系统可以告诉主机正在离开这个组。当离开成员是这个组在本网段上的最后一位成员时，这种做法可以降低离开延迟，使路由器可以快速更新自己的组播组成员信息。

3. IGMPv3

IGMPv3允许主机指定组播源，只接收特定组播源发出的组播数据。

IGMPv3在兼容和继承IGMPv1和IGMPv2的基础上，进一步增强了主机的控制能力，并增强了Membership Query报文和Membership Report报文的功能。

IGMPv3增加了对组播源过滤的支持，IGMPv3主机不仅可以选择接收某个组播组的数据，还可以根据喜好选择接收或拒绝某些源发送到这个组播组的数据。

例如，网络中有两个频道都在播放NBA比赛，频道1的节目用组播流0.1.1.1，228.1.1.1）表示。其中，单播地址1.1.1.1代表频道1组播源，组播地址228.1.1.1代表NBA比赛节目。同样频道2用组播流（2.2.2.2，228.1.1.1）表示。如果网络中的设备仅支持IGMPv1/IGMPv2，就无法做到只接收频道1的节目而不接收频道2的节目。因为IGMPv1/IGMPv2无法区分组播源，只能区分组播组。如果用户设备支持IGMPv3协议，就可以通知路由器只接收组播源为1.1.1.1的组播流，而不想接收组播源为2.2.2.2的组播流，这样路由器就可以只把频道1的NBA比赛转发给用户。

IGMPv3增加了对特定源组查询的支持，在Group-and-Source-Specific Query报文中，既携带组地址，又携带一个或多个源地址。IGMPv3取消了Leave Group报文类型，通过在Membership Report报文中申明不再接收任何源发送给某组播组的数据，即可实现离开这个组播组的功能。Membership Report报文的目的地址使用组播地址224.0.0.22，不再使用具体组播组的地址。

IGMPv3中一个Membership Report报文可以携带多个源组信息，不同于IGMPv1/IGMPv2仅能包含一个组信息，因而大量减少了Membership Report报文的数量，不再需要成员报告抑制机制。取消成员报告抑制机制后，IGMPv3主机不需要对收到的Membership Report报文进行解析，可以大量减少主机的工作量。

8.3 组播路由选择协议

1．组播路由协议简介

组播时，可能在不同的网络上有若干个地址相同的接收端。

组播通信会在网络中周而复始地循环，直至这个包内TTL字段为零，即所谓的"反向路径转发"，必须有一个合理的组播路由协议结构来禁止出现这种情况；路由器收到一个组播包时，就会查看这个组播包是否被一个接口接收，该接口位于组播包返回资源的最短路径上。

在传递组播数据时，指派路由器需要构造一个连接所有组播组成员的树。根据这个树，路由器得出转发组播数据的一条唯一路径，这个树就称为分发树。由于成员可以动态地加入和退出，分发树也必须动态更新。

根据构造方法的不同，分发树分为源分发树（Source Distribution Tree）和共享分发树（Shared Distribution Tree）。源分发树以组播源为根节点构造到所有组播组成员的生成树，通常也称为最短路径树（SPT）。共享分发树也称为RP树或基于核心的树（CBT）。它的构造方法是以网络中的某一个指定的路由器为根节点（该路由器称为集合点或中心点），由此节点生成包含所有组成员的树。使用共享分发树时，组播源需要首先把组播数据发送给集合点路由器，再由这个路由器转发给其他的组成员。

组播路由协议的主要任务就是构造组播数据的分发树，使组播数据能够传送到相应的组播组成员。根据对网络中的组播成员的分布和使用的不同，组播路由协议分为两类：密集模式路由协议（DM）和稀疏模式路由协议（SM）。

DM路由协议通常用于组播成员较为集中、数量较多、网络的大部分用户属于接收者，并且有足够带宽的网络环境，如公司或园区的局域网。因此，DM路由协议用定期广播组播报文的方法维护组播分发树。DM路由协议只使用源分发树（SPT），组播流量被广播到网络中所有的组播路由器。DM路由协议包括以下协议。

> DVMRP：距离向量组播路由协议。这是一种基于距离向量算法的组播路由协议。目前已基本上被PIM和MOSPF所取代。

> MOSPF：组播OSPF。

> PIM-DM：协议无关组播协议－密集模式。它不需要单独的组播协议，利用路由器上单播路由协议的路由表作反向路径转发检查，由此获得组播分发树。相比另两种协议，PIM-DM的开销要小很多，它用于组播源和目的非常靠近、接收者数量大于发送者数量并且组播流量比较大的环境中效果很好。

DVMRP大多数用于组播主干（MBONE）路由器，它使用反路径泛洪，当DVMRP接收一个包时，它在它连接的所有路径上泛洪这个包，除了接收路径，这样这个包可以到达所有的LAN，如果某个网段没有任何组播组的成员，则路由器发送一个削减信息返回分发树，这个削减信息防止后来的包发送到这个没有成员的区域，以保证组播数据流只会发送到有接收者的链路上。没有接收者在后续的组播流到达时，将不必再传输。DVMRP使用它自己集成的路由协议去决定包返回源的路径，这个单播路由协议很像RIP，它基于hop counts，为了可以让新的主机加入组播组，DVMRP间断地泛洪，DVMRP很少在大的网络中使用。DVMRP的扩展性不好，因为它依靠泛洪。

MOSPF依赖于它集成的OSPF，MOSPF适用于单独的路由域。例如，一个网络被一个单独的组织控制，OSPF是一个链路状态路由协议，MOSPF把组播信息加入OSPF链路状态广告，在一个OSPF/MOSPF网络中，每个路由器基于链路状态信息维护一个详细的网络拓扑，一个MOSPF路由器使用链路状态广播去学习在连接LAN中有哪个组播组被激活，它通过这个信息构造分发树，MOSPF基于包的源和目的地址来转发包。MOSPF适用于在同一时间只有少量的source-group被激活的情况下，不推荐MOSPF使用于不稳定的环境中。

PIM DM和DVMRP相似，都使用逆向路径检测泛洪方式构建路径分发树，当PIM DM接收一个包时，路由器在它连接的所有路径上flood这个包，除了接收路径。如果某个网段没有任何组播组的成员，则路由器发送一个削减信息返回分发树，协议独立意味着它不依赖任何一个指定的单播路由协议，这个原则适用于dense-mode和sparse-mode。PIM可以使用所有的单播路由协议，且适用于发送者和接收者的距离很近，也适用于很少的发送者和很多的接收者，以及流量很高的情况。

在网络中稀疏分布、网络也没有充足带宽的情况，如广域网环境，可以使用SM路由协议。因此，SM路由协议采用选择性地建立和维护分发树的方式，由空树开始，仅当成员显式地请求加入分发树才做出修改。SM路由协议包括以下协议

➢ CBT：基于中心的分发树协议（RFC 2201）。协议由以一个中心的路由器为根构造一个共享分发树，所有的组播流量都经由这个中心路由器转发。

➢ PIM-SM：协议无关组播协议–稀疏模式。其工作原理与PIM–DM类似，但专门针对稀疏环境优化。该协议适用于组播组中接收者较少、间歇性组播流量的情况。不同于PIM-DM的广播方式，PIM-SM定义了一个集合点（RP），所有的接收者在RP注册，组播数据由RP转发给接收者。

在CBT环境中，所有的组成员共享一个单独的树，组播流在相同的分发树上传输，不考虑源，CBT和Spanning-tree相似，除了为每个组播组创建一个分离的树，一个基于Core的树可以使用一个单独的路由器，或是一组路由器作为核心。路由器通过发送一个加入信息加入核心，核心发送一个确认返回路由器，一个加入信息不需要必须被核心确认，这台路由器成为分发树的一个分支。

PIM SM适用于只有较少的接收者，以及流量不频繁，这个协议可以同时处理几个组播数据流，非常适合应用于WAN或者Internet。它定义一个集合点，一个发送者必须发送数据到这个集合点，接收者在接收数据之前要先在集合点登记，路由器自动优化路径，PIM可以在某些组播组中使用dense-mode的同时，在另外一些组中使用sparse-mode。组播协议分类，如图8-9所示。

第8章 IP组播

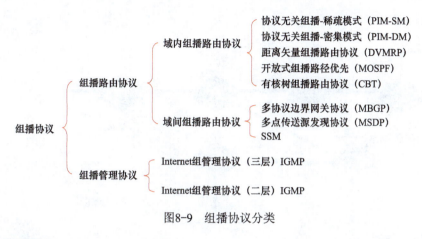

图8-9 组播协议分类

(1) 有源树

在单播模型中，信息通过网络沿着单一路径从源主机向目标主机传递。但是，在组播模型中，源主机向任一加入IGMP组的成员主机传递信息。为了向所有接收站点传递信息，组播分发树被用来描述IP组播在网络里经过的路径。

组播分发树最简单的形式是有源树，有源树的根是组播信息流的来源，有源树的分支形成了通过网络到达接收站点的分发树。因为有源树以最短的路径贯穿网络，所以它也被称为最短路径树。

图8-10给出了SPT的针对组224.1.1.1的例子，根为源主机A，连接两个接收站点A和B。

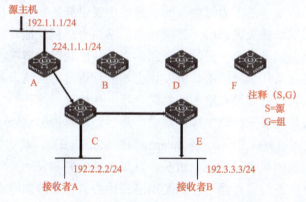

图8-10 有源树

记号（S，G）表示对发送各个组的单独的源，均存在一个独立的SPT。

(2) 共享树

和有源树使用根作为信息源不同，共享树使用放在网络的某些可选择点的公用根。根据组播路由协议，这个根常被称为回合点（RP）或核心。因此，共享树也被称为RP树（RPT）或有核树（CBT）。

图8-11给出了组224.2.2.2的共享树，路由器D作为根。当使用共享树时，源主机为了使信息到达所有的接收站点必须向根发送信息。在本例中，组播信息从源主机A和D发送到根（路由器D），然后沿着共享树到达两个接收站点：主机B和C。由于发送同一组地址的所有源主机使用共用的共享树，因此使用一种通配符表示共享树，记为（*，G）。

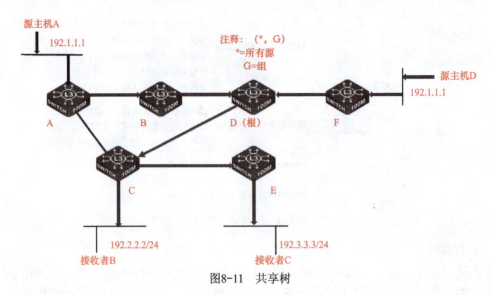

图8-11 共享树

2．PIM术语

只有当组播发送者知道组成员的存在，才会向组成员的方向发送组播。在某些情况下，发送者和组成员可能在远程网络，那么这样一来，发送者发出的数据必须经过路由器才能到达组成员的网络，所以要使组播数据准确地被转发到组成员的网络，就必须让中间的路由器也知道组成员网络的位置所在。两个不同网络的主机使用单播通信时，数据可以被中间路由器准确地转发，是因为路由器的单播路由表中能够找到目标网络的位置。如果要让路由器也能像转发单播数据一样，将组播根据路由表来精确地转发到目的地，那么就需要让路由器拥有像单播路由表一样的组播路由表，从而让路由器在收到组播时，就像查单播一样，去查组播该从什么样的接口被发出去才能到达目标网络。要让路由器生成一张功能完全的组播路由表，就需要在路由器之间运行一种协议，这种协议可以让组播源和目的之间的路由表生成单播表一样地生成组播表，最后路由器根据这张组播路由表来完成组播的转发。这个协议就是PIM（Protocol Independent Multicast）。其实要让路由器知道目标组员的位置，完全可以依靠单播来找到组员，只要组播的源和目的之间单播是通的，那么组播路由表就能建立而不用管单播运行的是动态路由协议还是静态路由协议，但是前提是PIM必须依靠单播路由表才能生成。

在组播正常通信之前，组播路由器必须知道哪个接口是通往发送者的，即RPF接口，组播数据只能从RPF接口进来。组播路由器还必须知道哪些接口是通往接收者的，组播将从这些接口被转发出去。从组播源到接收者之间的所有路由器都记住了RPF接口和组播出口的组合（被称为组播树），组播树用来指导路由器如何转发组播数据流。组播树就是记录在组播路由表中的，因此有了正确的组播转发表后，组播就能够正常通信了。

让组播路由器生成组播路由表，就是PIM协议的工作，PIM在组播路由器之间运行，通过路由器之间的协商，从而获得组播路由表，构建出组播树。PIM要为路由器学习组播路由表从而建立组播树有两种不同的方式，这两种不同方式在PIM中分两种模式来运行：PIM - DM（密集模式）和PIM - SM（稀疏模式）。

3. PIM组播树

因为在需要将一份数据同时发给多个接收者时开发了组播技术，所以组播的发送者通常面临着要将数据发向多个接收者，并且这些接收者可以分布在任意网络的任意位置。如果接收者在远程网络，那么就需要路由器提供组播转发，要保证接收者能够正常收到组播，就必须让路由器知道自己该将组播数据流从什么样的接口转发出去。当组播到达下一跳路由器后，下一跳路由器同样也必须知道该将组播从什么样的接口转发出去，即使接收者不是与自己直连的，只有这样让路由器之间协同工作，都能够记住组播的出口，最终在发送者与接收者之间形成一条连线，这样才能完成组播的转发。当多个网络存在接收者时，这样的连线就会有多条，组播发送者到接收者之间的这些转发线路就形成了以组播源为根、以接收者为枝叶的树状结构，这个树状结构被称为组播转发树。组播发送者就好比是组播树的树根，组播总是从根发向接收者。很容易想象得出，从发送者到接收者之间的路由器都是在组播树上的，因为这些路由器在中间提供组播转发，一台根本没有与接收者相连的路由器，与组播树是没有任何关系的。要完成从发送者到接收者之间的组播转发，组播树上的路由器都应该记住组播的出口，每台中间路由器都记住出口之后，最终便形成了组播树。记住组播的出口信息就是组播路由表的工作。

4. PIM-DM

组播树是用来指导路由器如何正确转发组播的，它的相关信息全部都是记录在组播路由表中的，PIM用来帮助路由器生成组播路由表。要形成组播树，路由器需要知道哪些接口出去能够到达接收者，并记录下来，然后再记录到发送者的RPF口。要让路由器知道哪些接口存在接收者有两种方法：第一种方法是接收者主动向路由器报告，第二种方法是路由器主动向网络中发出查询。PIM-DM模式中，采用的方法为路由器主动向网络查询是否有接收者。

PIM-DM主要被设计用于组播局域网应用程序，而PIM-SM主要用于一个大范围内的域间网络（WAN和域间）。PIM-DM使用了和DVMRP及其他密集模式一样的溢出和修剪机制。DVMRP和PIM-DM之间的主要不同在于PIM-DM引入协议独立的观念。PIM-DM可以使用由任意底层单播路由协议产生的路由表执行反向路径转发（RPF）检查。

ISP特别需要PIM-DM所具有的能使用任意底层单播路由协议的能力，因为它不需要为RPF检查引入和管理一个独立的路由协议。单播路由协议扩展为多协议边界网关协议（MBGP）和IS-IS多协议路由（M-ISIS）后就被用来建立指定表完成RPF检查，但是PIM-DM不需要它们。

PIM-DM能够使用由OSPF、IS-IS、BGP等产生的单播路由表。同时在执行RPF检查时，PIM-DM也能够通过配置使用由MBGP或M-ISIS产生的指定组播RPF表。

这里，"独立于协议"意味着PIM不依赖于某个具体的单点传送路由选择协议。图8-12所示为PIM-DM传输。

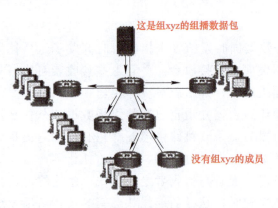

图8-12 PIM-DM传输

5. PIM-SM

PIM-SM是一种能有效地路由到跨越大范围网络（WAN和域间）组播组的协议，而PIM-DM主要用于局域网。PIM-SM协议不依赖于任何特定的单播路由协议，主要用来支持稀疏组。它使用了传统的基于接收初始化成员关系的IP组播模型，支持共享和最短路径树，此外它还使用了软状态机制，以适应不断变化的网络环境。它可以使用由任意路由协议输入到组播路由信息库（RIB）中的路由信息，这些路由协议包括单播协议，如路由信息协议（RIP）和开放最短路径优先（OSPF），还包括能产生路由表的组播协议，如距离矢量组播路由协议（DVMRP）。

在稀疏模式中，每个数据流去往园区网中数量相对较少的网段，与将数据流扩散到整个网络以确定组播成员不同的是，PIM SM定义了一个汇合点，该汇合点称为RP。当发送方想发送数据时，它首先发送到汇合点。当接收方想接收数据时，它会到汇合点进行登记。一旦数据流开始从发送方流向汇合点再到接收方，路径中的路由器将自动优化路径以去掉不必要的跳。PIM SM是被动工作的，PIM SM假设没有主机想要接收组播数据流，除非它们明确地提出请求。

在一个PIM-SM网络中，连接某一个组成员主机的路由器必须明确地向主机发出加入的请求报文。这里，PIM-SM路由器由区域进行组织。一个PIM-SIM的区域由所有运行PIM协议并且在一个共同的边界内配置运行的路由器组成。

PIM-SM路由器类型如下。

1）PMBR：一部分接口在区域内，而另一些接口在区域外面的路由器，它将PIM区域接入互联网。

2）BSR：启动路由器在一个区域内向其他的PIM-SM路由器发布RP信息。每个PIM-SM区域拥有一个活跃的BSR，可以配置多个路由器的接口作为候选BSR，PIM-SM协议使用选举的进程来选举一个候选BSR作为区域的BSR。拥有最高BSR优先级的BSR将被选举出来，如果优先级都一样，那么拥有最高IP地址的BSR接口将被选举成为区域BSR。

3）RP是PIM-SM区域中源和接收者的汇集点，一个区域中可以有多个RP，但是每个组播组地址只能拥有一个活动的RP，PIM-SM路由器学习到RP的地址，同时也从BSR发送给每个PIM-SM路由器的消息中得知每个RP负责的组播组。

为了提高整个网络的性能，交换机只使用RP转发从一个组的源发向组接收者的第一个数据包。第一个数据包之后，交换机计算从接收者到源的最短路径，并且使用这个路径转发后续的数据包。交换机将对每对源和目的计算独立的最短路径树。

RP路径和SPT路径是可以切换的，如图8-13所示。默认情况下，从一个源到目的地路径是经过RP的，然而，有时经过RP的路径并不是最短的。这时，交换机计算的最短路径将绕过RP在源和目的之间直接建立链路。

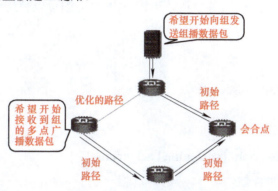

图8-13　RP路径和SPT路径

PIM-SM主要支持以下方面：

1）维护IP组播服务模式（基于接收端启动的组播组成员关系）。在该模式中，源端只需要将数据包放到第一跳以太网上，而不需要任何信令。接收端将给路由器发信令，以便加入到接收该数据的组播组中。

2）保持主机模型不变。PIM-SM是一个路由器到路由器的协议，这意味着主机不需要升级，只是需要在网络中配置支持PIM-SM的路由器。

3）支持共享和源分配树。对于共享树，PIM-SM使用名为RP的中心路由器，作为共享树的根。所有源主机都将它们的组播通信发送给RP。RP将依次通过共享树将这些包转发给组的所有成员。源树将源端和接收端直接相连，每个源端都有一棵单独的树。从单播路由表来看，每棵源树都是最短路径树。PIM-SM可以使用其中一种类型的树，或者同时使用两者。

4）维护任何特定单播路由协议的独立性。

5）使用软状态机制，以适应不断变化的网络环境和组播组。软状态的意思是，除非被刷新，否则路由器的状态配置是短期的，并在一段时间后失效。

当前PIM-SM有两种版本，这里主要关注第二版本，其应用较为广泛。图8-14所示为PIM的协议报文。

PIM version	Type	Reserved（Address Length）	Checksum

图8-14　PIM-SIM数据包格式

①PIM Version：当前PIM版本号为2。
②Type：特定PIM信息类型。
③Address Length：地址大小（二进制形式）。
④Reserved：该字段值设为0，在接收端忽略。
⑤Checksum：16位字段是整个PIM信息的补充总和。

6. PIM-DM-SM

组播路由器在运行PIM时，可以运行在SM模式下，也可以运行在DM模式下，当运行在SM模式下时，必须有RP，否则网络不通，而运行在DM模式下时，不需要RP组播就能通信。PIM路由器可以同时运行两种模式，即sparse-dense-mode，当同时运行这两种模式时，如果一个组有RP，则使用共享树，当RP失效时，则可以使用最短路径树来保证组播的通信。

8.4 组播配置

1．IGMP配置

命令：ip igmp access-group {<acl_num | acl_name>}
   no ip igmp access-group

功能： 配置接口对IGMP组的过滤条件。本命令的no操作取消过滤条件。

参数： {<acl_num | acl_name>}为access list的序号或名称，其中acl_num的取值范围为1～99。

默认情况： 默认为无过滤条件。

命令模式： 接口配置模式。

使用指南： 可以配置接口对组进行过滤，允许或拒绝某些组的加入。

举例： 配置接口vlan1接收组224.1.1.1，拒绝组224.1.1.2。

Switch (Config)#access-list 1 permit 224.1.1.1 0.0.0.0
Switch (Config)#access-list 1 deny 224.1.1.2 0.0.0.0
Switch (Config)#interface vlan 1
Switch(Config-If-Vlan1)#ip igmp access-group 1

命令：ip igmp join-group <A.B.C.D >
   no ip igmp join-group <A.B.C.D >

功能： 配置接口加入某个IGMP组。本命令的no操作取消加入。

参数： <A.B.C.D >为组地址。

默认情况： 不加入组。

命令模式： 接口配置模式。

使用指南： 当把交换机当作HOST时，本命令配置HOST加入某个组。如果配置本接口加入组224.1.1.1，则当交换机收到其他交换机发送过来的IGMP组查询时，将发送IGMP成员报告，报告中包含组224.1.1.1。请注意本命令和ip igmp static-group命令的区别。

举例： 在接口vlan1上配置加入组224.1.1.1。

Switch (Config)#interface vlan 1
Switch(Config-If-Vlan1)#ip igmp join-group 224.1.1.1

2．PIM配置

命令：**ip pim dense-mode**

no ip pim dense-mode

功能：在接口上启动PIM-DM协议。本命令的no操作在接口上关闭PIM-DM协议。

参数：无。

默认情况：默认为不启动PIM-DM协议。

命令模式：接口配置模式。

使用指南：该命令只有在全局配置模式下执行ip pim multicast-routing，才能生效。不支持组播协议互操作，即同一台交换机不能同时开启密集模式和稀疏模式。

举例：在接口vlan1上启动PIM-DM协议。

```
Switch (Config)#ip pim multicast-routing
Switch (Config)#interface vlan 1
Switch(Config-if-Vlan1)#ip pim dense-mode
```

命令：**ip pim sparse-mode [passive]**

no ip pim sparse-mode [passive]

功能：在接口上启动PIM-SM协议。本命令的no操作在接口上关闭PIM-SM协议。

参数：[passive]表示不启动PIM-SM（即PIM-SM不收发任何包），仅启动IGMP（即收发IGMP报文）。

默认情况：默认为不启动PIM-SM协议。

命令模式：接口配置模式。

使用指南：通过该命令启动端口的PIM-SM协议。

举例：在接口vlan1上启动PIM-SM协议。

```
Switch (Config)#interface vlan 1
```

8.5 本章小结

- 掌握组播的基本概念。
- 熟悉组播地址及作用。
- 熟悉组播组管理协议IGMP。
- 熟悉组播协议。
- 掌握组播的基本配置。

8.6 习题

（1）关于组播和单播、广播的对比，正确的有（　　）。

　　A．和单播相比，组播可以减轻发送源的负担

　　B．和广播相比，组播可以减轻发送源的负担

　　C．和单播相比，组播可以减少链路负载

D. 和广播相比，组播可以提升链路使用率

(2) 228.129.129.129对应的组播MAC地址为（   ）。
   A. 01-00-5E-00-01-01   B. 00-01-5E-11-81-81
   C. 01-00-5E-01-81-81   D. 00-01-5E-00-81-81

(3) 关于组播协议体系架构，说法正确的有（   ）。
   A. 路由器和主机之间通常运行组播路由协议
   B. 路由器和路由器之间通常运行组播组管理协议
   C. 主机和路由器之间通常运行组播组管理协议
   D. 常用的域间组播路由协议为MSDP

(4) 关于组播体系架构，说法正确的有（   ）。
   A. 组播组管理协议负责组播数据的转发
   B. 组播分发树由组播路由协议建立
   C. 组播组管理协议用于主机加入和离开组播组
   D. 组播组管理协议用于路由器维护组播组信息

(5) 组播组管理协议的机制主要包含（   ）。
   A. 主机加入和离开组播组   B. 路由器维护组播组
   C. 查询器的选举   D. 成员报告抑制机制

(6) IGMPv2协议报文包含（   ）。
   A. General Query   B. Group-Specific Query
   C. Membership Report   D. Leave Group

(7) 关于组播分发树模型，下列说法正确的是（   ）。
   A. 组播分发树模型分为SPT和RPT两种
   B. SPT树根为组播源，从树根出发到达每一个接收者所经过的路径都是最优的
   C. RPT树根是网络中的RP，从树根出发到达每一个接收者所经过的路径不一定是最优
   D. RPT中路由器维护的表项信息比较简单，可以节省路由器内存空间

(8) 关于SPT，正确的是（   ）。
   A. SPT模型中，组播源到达任何一个接收者所经过的路径都是最优的
   B. SPT上的每一个路由器都会维护（*, G）表项
   C. SPT上的每一个路由器都会维护（S, G）表项
   D. 不同组播源以自己为根，独立建立SPT

(9) 关于RPT的说法，正确的是（   ）。
   A. RPT由接收者端发起建立
   B. RPT上的每一个路由器都会维护（*, G）表项
   C. RPT上的每一个路由器都会维护（*, G）表项
   D. 组播源分别发送组播报文给各自的接收者，在组播报文到达接收者之前首先需要经过RP，然后再由RP分发给不同的接收者

（10）关于RPF，下列说法正确的是（　　）。
　　A．RPF检查依据的是组播数据包的源地址
　　B．进行RPF检查时，以组播数据包的源IP地址为目的地址查找单播路由表，选取一条最优单播路由
　　C．如果当前组播包沿着从组播源到接收者或组播源到RP的SPT进行传输，则以组播源为"报文源"进行RPF检查
　　D．如果当前报文沿着从RP到接收者的RPT进行传输，则以RP为"报文源"进行RPF检查

习 题 答 案

第1章 交换网络的技术实现
（1）企业中的吉位以太网　无线网络　网络存储　城域网中的以太网
（2）接入层　汇聚层　核心层
（3）详细答案见本章第二节的1.2.3部分
（4）详细答案见本章第四节的1.4.1和1.4.2部分

第2章 园区网实现VLAN
（1）使能端口的MAC地址绑定功能　端口MAC地址的锁定　MAC地址绑定的属性配置
（2）IP地址（ip-pool）MAC-IP地址（mac-ip-pool）
（3）详细答案见本章第一节的2.1.3部分
（4）详细答案见本章第二节的2.2.2部分

第3章 园区网实现冗余链路
（1）A、B、D　　　（2）B、C、D　　　（3）A、B、C
（4）A、B、C　　　（5）A、B、C、D

第4章 多层交换机的路由实现
（1）A、B、C、D　（2）B、C、D　　　（3）A、B、D　　　（4）A

第5章 多层交换设备实现
（1）B、C、D　　　（2）A、B、C　　　（3）A　　　　　　（4）B、D

第6章 园区网高可用性
（1）B、C　　　　　（2）A、B、C　　　（3）B、C　　　　　（4）D

第7章 园区网服务质量
（1）A、B　　　　　（2）8、8、64　　　（3）A、C、D　　　（4）B　　　　　　（5）A

第8章 IP组播
（1）A、C、D　　　（2）C　　　　　　（3）C、D　　　　　（4）A、B、C、D
（5）A、B、C、D　（6）A、B、C、D　（7）A、B、C、D　（8）A、C、D
（9）A、B、D　　　（10）A、B、C、D

参 考 文 献

[1] STEVENS W R. TCP/IP详解卷1：协议[M]. 吴英，张玉，许昱玮，译. 北京：机械工业出版社，2016.
[2] DOYLE J. TCP/IP路由技术：第2卷[M]. 夏俊杰，译. 北京：人民邮电出版社，2017.
[3] 沈鑫剡，魏涛，邵发明，等. 路由和交换技术[M]. 2版. 北京：清华大学出版社，2018.